ダムは水害をひきおこす

球磨川・川辺川の水害被害者は語る

球磨川流域・住民聞き取り調査報告集編集委員会◉編

花伝社

ダムは水害をひきおこす——球磨川・川辺川の水害被害者は語る◆目次

球磨川流域各地の水害状況と提言

聞き取り調査から言えること

資料

「序」にかえて

本書は、読むものの心に響き、生き生きと語りかけてくる丹念・克明な第一級の調査研究書である。何故、そうなのか。原因ははっきりしている。それは球磨川、川辺川とともに生き、体験と歴史を重ね継承してこられた人々が語る事実の集積だからに他ならない。また、そのような人々の知見を引き出し、秩序立てて系統的にまとめる作業をされた調査者、編集者の能力によるところも大である。まず、本書を世に出していただいた皆さんに、大いなる感謝と敬意を表したい。

さて、本書に所収されている地域の人々のお話で深く感銘したことは球磨川、川辺川あるいはそれらの支流の川に対する皆さんの愛着や自慢に思う気持ちと災害時の恐怖とが背中合わせに存在していることであった。これが「川とともに生きる」という事なのだろうと思う。

「球磨川の水を飲んでいた」、「真っ黒になるくらい鮎がおった」、「鮎や鰻を踏まんと川に入れなかった」、「鰻を取って結構小遣い稼ぎした」、「大水が出ると濁りすくいして沢山、魚が獲れた」、「やっぱり川の水はきれいでないと」等々、昔の豊かだった川の姿を髣髴とさせるとともに、昔を懐かしみ、「そんな良い川とともに暮らしていた」という誇り、そして、今はそれらが失われた寂しさと失わせたものへの怒りの気持ちとがひしひしと伝わってくる。

その一方、荒れる川の恐ろしさも「山潮」、「川が段々に流れる」、「川の真ん中が盛り上がる」、「真っ黒な粘りのある水が流れ込む」、「今まで経験したことのない速さで水位が上がる」、「川の濁りがなかなか戻らなくなった」、「水筒を五、六個しか持ち出せなかった」、「畳は水につかると縦に浮く」などに見るように、体験したものでなければ表現し得ない臨場感を持って迫ってくるのである。多くのものを失い、その後のご苦労の大変さも同様である。筆者は幸か不幸か、そのような洪水災害の経験はなく、川の恐ろしさについて多くのことを、極めて分かりやすく追体験的に知らされたのである。それと同時に、これらの体験談の中で、極めて重要なことに気づくのである。

それは、恐怖の中でさえ、しっかりとその場、その時の現象を捉え、記憶されていることである。また、そのような現象がなぜ起こるのかについても従前の体験と比較しながら、かなりの的確さで推察されていることである。「ダムとダムに挟まれているから」、「堤防のあの箇所がちゃんとできていない」、「ダムの（非常）放流が原因」、「川の中の土砂堆積が水嵩を上げる」、「上流の川幅が広く、下流が狭くなっているから」、「水の塊が左右岸に玉突きのように当って加速する」、「山が荒れている」等々。そして、その解決策にまで言及されているのである。人々は、川とともに暮らすことで、平静な状態の川、様々な段階の大水の出た状態の川を知り尽くしている。それらの人々だからこそ、それらとは異なる川の異常な様子が分かるのである。河川工学の専門家ではない筆者にとっては、説得力のある内容であった。また、それらの意見を関係行政に訴え、要望してきた人々も少なくないのである。

ところが不思議なことにそれらの意見や要望は極めて部分的にしか聞き入れられていない。時には、人々の意に反して、何の事前相談もなく要望とは異なる工事がなされたという不満・不安もあるのである。研究者の端くれである筆者としては信じ難いことではあるが、「素人の言うことは、断片的で科学的ではない」とでも言うのであろうか。

国土交通省はじめ、県の専門部局の人々は紛れもなく「専門家」であろう。また、多くの河川工学等治水に関わる高度な研究を担う学者も、そのバックに控えているはずである。

さて、阪神・淡路大震災後、様々な分野の学者・研究者が大挙して現地に入り、調査を実施したことはよく知られている。そこで彼らが求めた最も重要なものは、被災者・関係者から震災時に何が起きたのかを克明に聞き出すことであった。なぜなら、彼らはその場、その時に現場にはいなかった。だからこそ、その場、その時に起こったことを細大漏らさず把握しようとしたのである。そうでなければ、大都市で発生した直下型地震とそれに伴う災害、被災状況、様々な人々・機関の対応などの全体像や詳細が解明できないからである。言うまでもなく、科学は「事実」から出発しなければならないのである。

その立場からすれば、本書に記された川とともに暮らしてきた人々の災害体験、そこで得られた現象に関する知見、原因や解決策に関する様々な見解こそが貴重なデータであり、したがって科学的な治水対策や研究への出発点ではないのかと言いたいのである。他にも、川の変化に関する貴重な証言が多々ある。これらも含め、真摯で科学的な調査研究こそが求められている。もし、それでもなお「素人…」を云々するのであれば、これらの人々の証言を、「モデル式」や「確率論」ではなく、道理を持って具体的に説明し切り、自らの「理論」の正しさを、川とともに暮らしてきた人々の実感に応え得る事実と言葉で示すべきではないのか。

研究レベルでは、各地域の様々な現象を基礎にそれらを包括し、一般化し得る理論の追究が重要なことは、論を待たない。しかし、そのような過程を経て到達した最高レベルの理論でさえ、完璧なものではなかろう。川辺川ダム建設計画では当初、事業費が約三五〇〇億円とされていたが、今ではその一〇倍近い三三〇〇億円にまで膨れ上がっている事実がその証左である。とはいえ、学問領域での前記のような研鑽を否定するつもりはない。

言いたいことは、第一に、現段階の最高レベルの理論であっても、それを絶対化するべきではないということである。国土交通省は、「人吉地点で基本高水流量七〇〇〇トン、流下能力四〇〇〇トン。三〇〇〇トンをダムでカット」に固執している。それ自体、本書に所収された多様な知見・見識に比べて、余りにも単純素朴、貧困な発想であることが痛感されるが、「理論の絶対化」ではないのか。第二は、災害は「一般的」に発生しているのではなく、球磨川、川辺川流域で発生しているのである。河川の条件は全て異なると言って良かろう。そうであれば、球磨川、川辺川流域の個別・特殊的な研究が求められるのではなかろうか。土木工学を含む工学は問題解決学でなければならない。その観点からすれば、個別・特殊的な課題解決のための研究が基本であり、それらを集約・総合化することで「〇〇工学」が体系化されていくものであろう。

そして第三に、流域には日々、災害の危険に瀕し、何回も被害をこうむっている人々がいるという事実である。流域の人々が求めるものを含め、今できる様々な治水対策をすぐに開始することこそが最も重要である。学者・研究者、専門家の狭い世界における優勝劣敗的な競争とは全く異なる次元の問題なのである。本書中の「様々な治水対策をやりつくし、それでも足りなければ、(しかたがないが)ダムを考えればよい」というものが、流域住民の最大公約数的な声なのである。

さて、筆者はかねてより「東京は日本ではない」との考えを持っている。その意味は東京の文化と言われるものが、実は諸外国を含む諸文化の商業ベースに乗る部分的なものを寄せ集め、加工して発信しているものであって、真の日本文化は、全国各地に息づく多様な文化の集成であるという意味である。このことは、価値観、思考方法等にも反映しているのではなかろうか。そして、球磨川、川辺川流域の治水対策においても、「東京（国土交通省・専門家）は日本（国民のためのもの）ではない」

と言わざるを得ない状態ではないかと危ぶむのである。本書を含め、流域住民からいくつかのボールは投げられた。どんなボールを返すのか、国土交通省・専門家の真価が国民から問われている。

平成二〇年四月

熊本県立大学環境共生学部教授　中島熙八郎

球磨川流域・住民聞き取り調査報告集　発刊に寄せて

平成一五年五月一六日、川辺川利水訴訟控訴審での農民側の勝訴は川辺川利水事業計画自体を白紙化させました。その二年前、平成一三年の球磨川漁業協同組合による川辺川ダム建設のための補償交渉の拒否に対して、国土交通省は漁業権の強制収用の申請を行いました。これに対し平成一七年八月二九日、熊本県収用委員会はこれを取り下げるよう勧告し、同年九月一五日、国交省は申請を取り下げました。

この時点で、川辺川ダム計画は白紙になったのですが、国交省は改めて、新河川法に基づく球磨川水系河川整備基本方針なるものを策定し、川辺川ダム建設の実現を再び図ろうとしました。平成一八年四月から平成一九年三月まで計一一回開催された球磨川水系河川整備基本方針検討小委員会（以下検討小委員会）は、河川分科会に国交省の原案を承認する旨の答申をし、分科会もまた原案通り了承し、新たにダムによる治水計画が策定されようとしています。

しかし、検討小委員会の席上、潮谷義子熊本県知事（当時）は一人、終始一貫国交省の原案に疑問を呈し、県民への説明を要求し続けたため、国交省は球磨川流域や熊本市、八代市において、県の了解を得ぬまま、五三回もの「くまがわ・明日の川づくり報告会」（以下報告会）を開き、国交省の原案の内容と検討小委員会においてこれを了承した旨、説明しました。

この報告会での国交省の説明は基本方針に関してであって、治水の具体策に関してではないと言いながらもダムを前提とした方針であることは、報告会に参加した人々にはあまりにも明瞭な事実であり、また会場からの質問もそのことを指摘するものが多数ありました。この報告会での住民の質問を通して、流域住民の川に対する思いと、国交省のそれとはあまりにも違いすぎることに私たちは驚きを覚えました。私たちはこの事実に目を向け、ダムによる川の安全を最も願っているであろう水害被害者の人々に、その体験を通して治水に対し何を望んでいるのか、一人一人の声を聞いてみることにしました。

この聞き取り調査を通して、私たちは、ダムに頼る治水を現地の人々が実際には望んでいないだけでなく、ほとんど全ての人がダムに対して恐怖心を抱いていることが分かりました。それと共に、川をよく知る住民の話から望まれる総合的な治水案を見出すことができました。本報告集が流域の安全をより確かなものにするための一助になることを願う次第です。

平成二〇年四月

球磨川流域・住民聞き取り調査報告集編集委員会

球磨川流域全体図

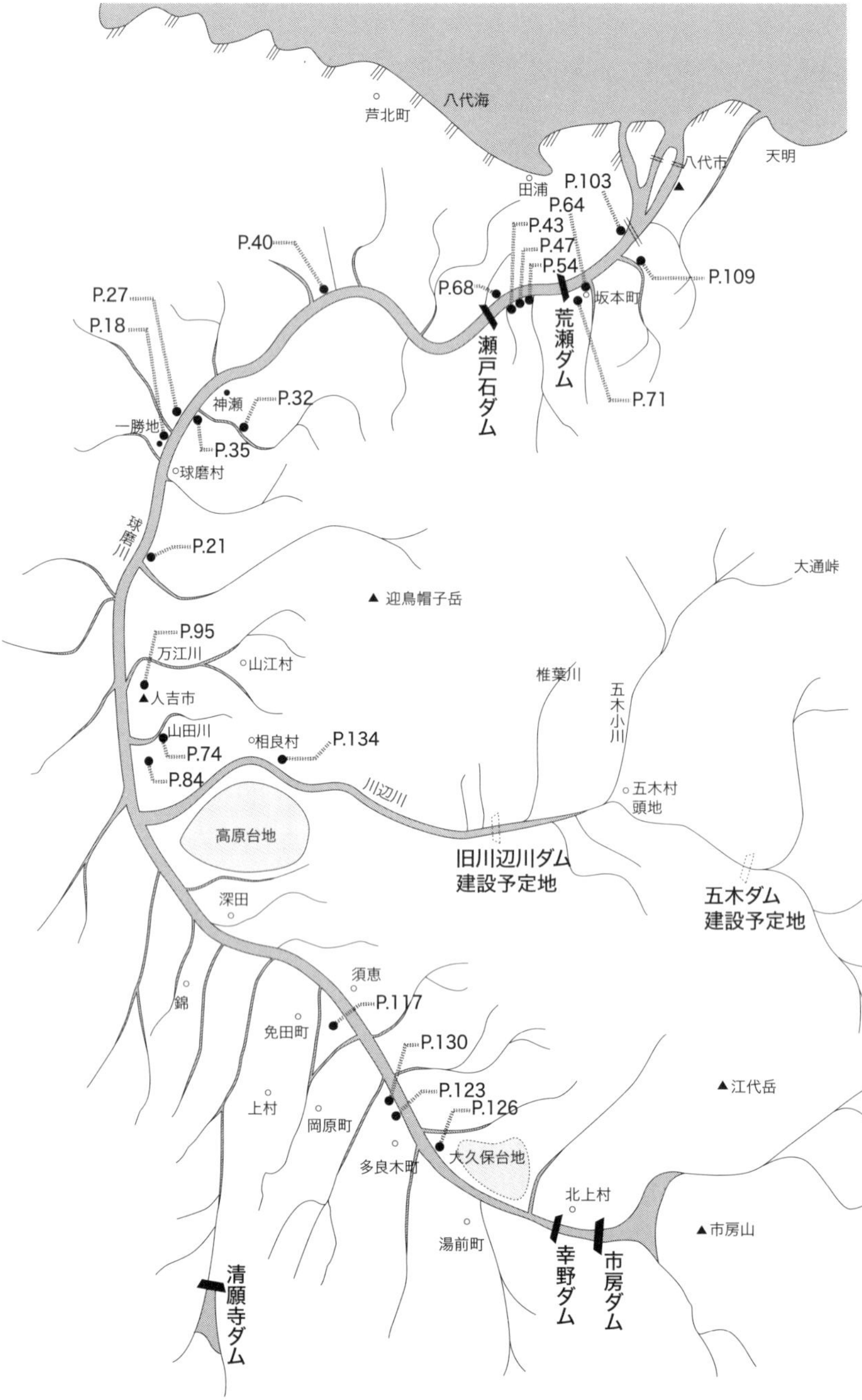
八代海
芦北町
田浦
八代市
天明
P.103
P.64
P.43
P.47
P.54
P.68
P.109
P.40
P.27
P.18
坂本町
瀬戸石ダム
荒瀬ダム
P.71
P.32
神瀬
一勝地
P.35
球磨村
球磨川
P.21
大通峠
国見岳
迎鳥帽子岳
P.95
万江川
山江村
人吉市
椎葉川
五木小川
山田川
P.74
相良村
P.134
P.84
五家荘
五木村
頭地
川辺川
高原台地
旧川辺川ダム
建設予定地
五木ダム
建設予定地
深田
須恵
錦
P.117
免田町
P.130
江代岳
上村
P.123
P.126
岡原町
多良木町
大久保台地
北上村
市房山
湯前町
幸野ダム
市房ダム
清願寺ダム

昭和 40（1965）年 7 月 3 日　人吉市の洪水浸水実績図

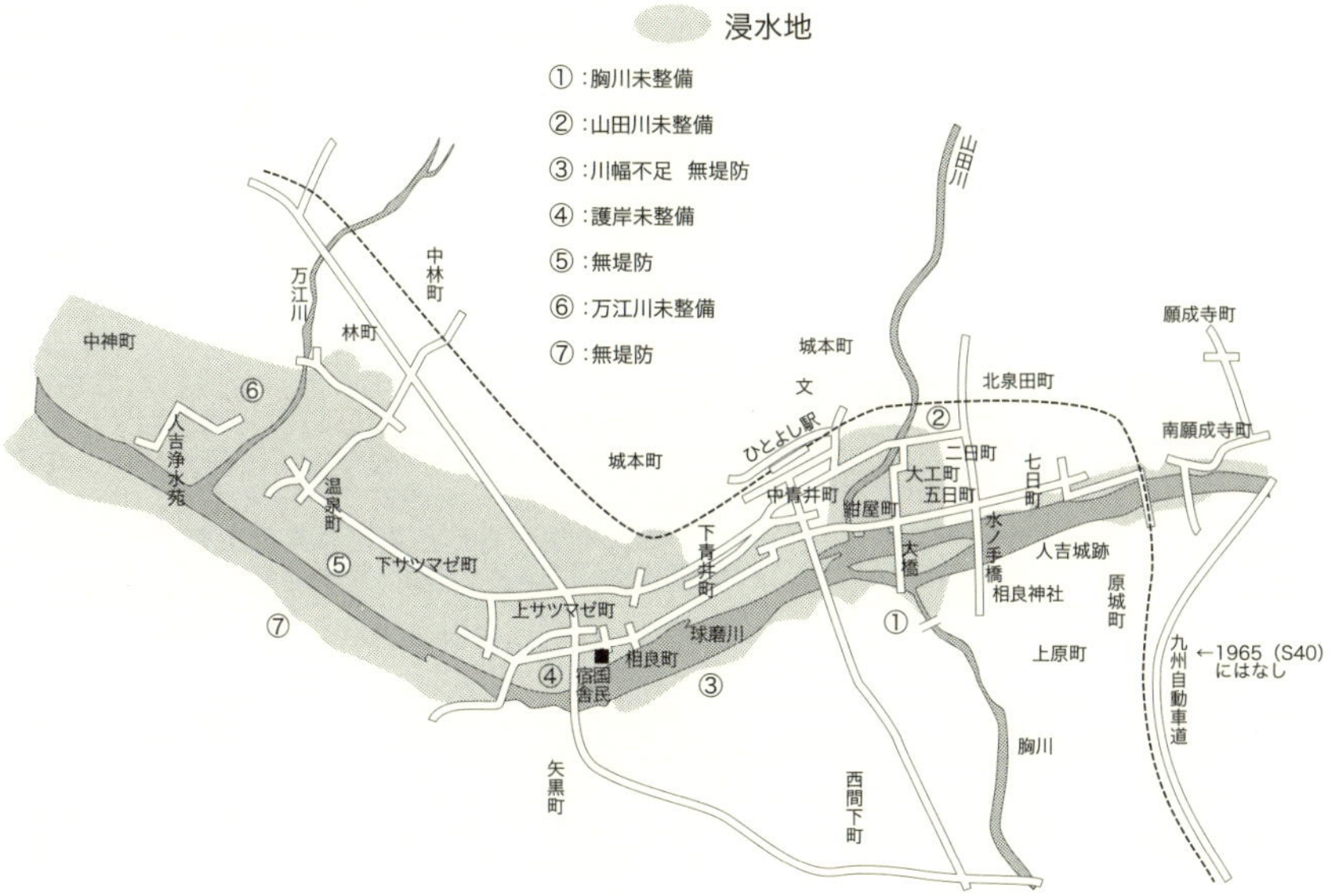

昭和 57（1982）年 7 月 25 日　人吉市の洪水浸水実績図

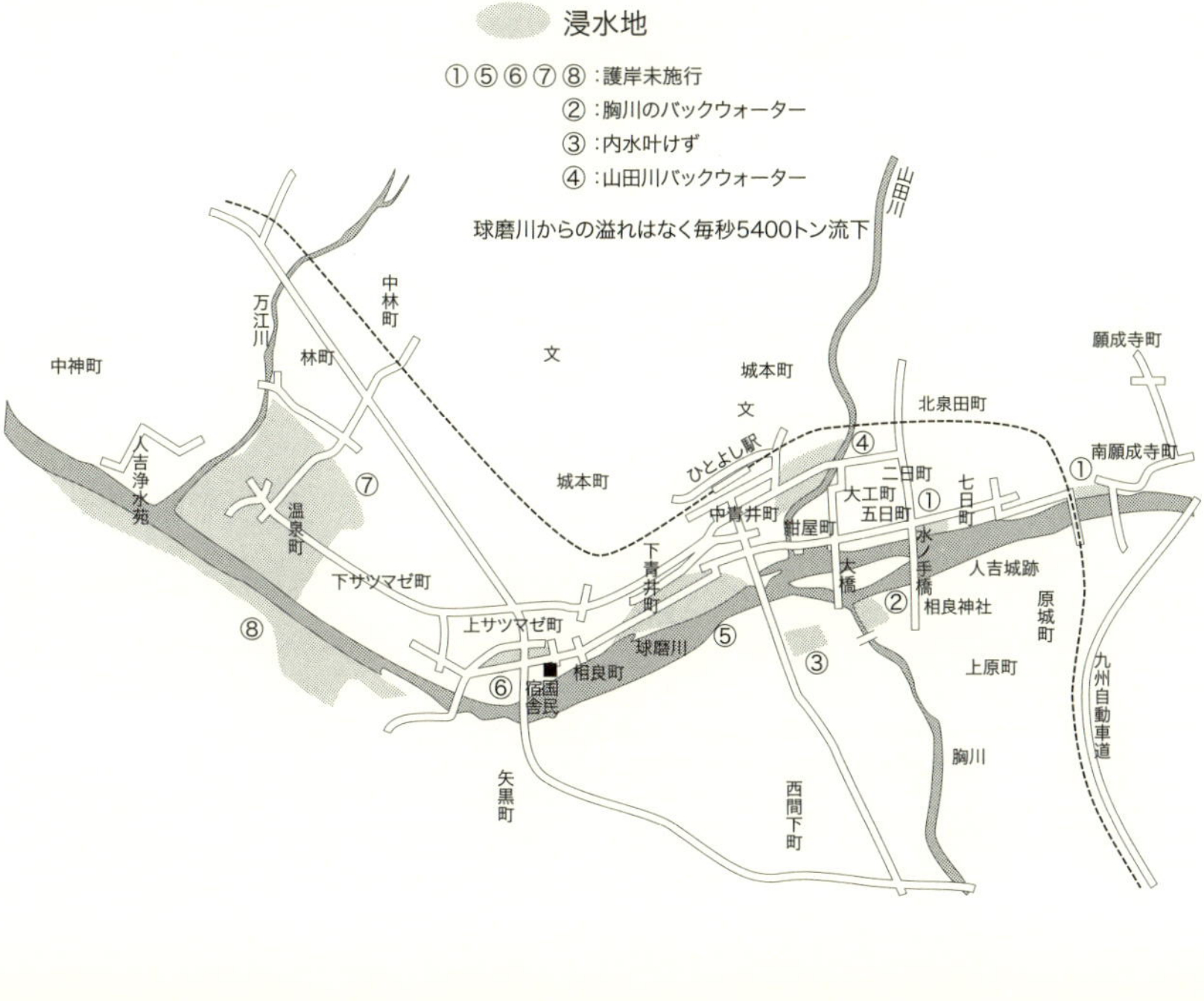

1963年8月	昭和38年8月	死傷者・行方不明46人、家屋の損壊・流失281戸、床上浸水1185戸。床下浸水3430戸。八代市坂本町中津道地区、床下浸水、相良村永江地区、床上浸水。
1964年8月	昭和39年8月	死傷者・行方不明9人、家屋の損壊・流失44戸、床上浸水753戸。床下浸水893戸。八代市坂本町中津道地区、床下浸水。
1965年7月	昭和40年7月	死者6人、家屋の損壊・流失1281戸、床上浸水2751戸。床下浸水10074戸。相良村永江地区、人吉市下薩摩瀬地区、紺屋町他、球磨村渡・茶屋地区、一勝地地区、八代市坂本町鎌瀬地区、中津道地区、芦北町、八代市など床上浸水。八代市坂本町鎌瀬地区、球磨川第一橋梁の上まで水が来る。旧国鉄瀬戸石駅の駅舎、駅前の商店も流された。
1971年8月	昭和46年8月	死者6人、家屋の損壊209戸、床上浸水1332戸。床下浸水1315戸。
1972年7月	昭和47年7月	死者2人、家屋の損壊64戸、床上浸水2447戸。床下浸水12164戸。
1970年代		人吉市で球磨川の河川改修開始。1980年代半ばに現在の堤防が完成。
1979年6月	昭和54年6月	家屋の損壊1戸、床上浸水18戸。
1979年7月	昭和54年7月	死者・行方不明7人、家屋の損壊10戸、床上浸水390戸。
1982年7月12日	昭和57年7月12日	死者1人、家屋の損壊49戸、床上浸水234戸。球磨村淋地区、床下浸水。
1982年7月25日	昭和57年7月25日	死者4人、家屋の損壊47戸、床上浸水1113戸。床下浸水4044戸。芦北町箙瀬（えびらせ）地区で床上浸水。八代市坂本町鎌瀬地区床上・床下浸水、球磨村淋地区床上・床下浸水。
1993年8月	平成5年8月	家屋の損壊2戸、床上浸水170戸。
1995年7月	平成7年7月	家屋の損壊1戸、床上浸水125戸。
1997年7月	平成9年7月	床上浸水8戸。
2004年8月	平成16年8月	床上浸水13戸。床下浸水36戸。あさぎり町川瀬地区床下浸水。
2005年9月	平成17年9月	床上浸水46戸。床下浸水73戸。あさぎり町川瀬地区床下浸水。
2006年	平成18年	坂本町の肥薩線が浸水。あさぎり町川瀬地区、床下浸水。

※ゴシック太字は、本書で住民が証言した水害被害
※被害状況の出典：「熊本県災異誌」、「熊本県災害誌」、「熊本県消防防災年報」等。
※被災の数量は、流域市町村ごとに集計されており、支川・流域近傍の河川（一級・二級）・土砂災害によるものも含んでいる。平成16年は「熊本県 平成16年度 消防・防災・保安年報」。
※平成17年は速報値

球磨川水系における水害年表

1671年8月	寛文11年7月	大洪水、大橋流出。
1677年7月	延宝5年6月	萩原堤防が決壊。八代、球磨の死者432人。
1712年8月	正徳2年7月	小俣橋3径間落つ。青井阿蘇神社楼門まで浸水。
1755年7月	宝暦5年6月	山津波が発生し、球磨川を瀬戸石付近で閉塞した。これが決壊し、おびただしい土砂を含んだ濁流が、八代市内の萩原堤防を一気に押し破り、八代城下に氾濫した。死者506人、負傷者56人、流出家屋2118戸。
1766年7月	明和3年5月	球磨川の増水1丈7尺余り。田畑の損亡12,988石余り。
1831年7月	天保2年6月	球磨川の増水1丈9尺。
1885年6月	明治18年6月	八代で堤防決壊。
1888年6月	明治21年6月	八代で球磨川1丈7尺に出水。死者3人、家屋流失6戸、その他橋梁の流失。
1926年7月	大正15年7月	球磨川人吉大橋で1丈5尺に出水。人吉の浸水家屋200戸。
1927年8月	昭和2年8月	家屋の損壊・流出32戸、浸水家屋500戸
1941年7月	昭和16年7月	八代地方の浸水家屋2560戸、人吉で60戸。
1944年7月	昭和19年7月	球磨郡に豪雨。死傷者・行方不明23人、家屋の損壊・流失507戸、床上浸水1422戸。 山田川氾濫、人吉市内に床上浸水、大量の泥が家屋に残る。芳野旅館が倒れ、一部流れた。万江川も増水、鉄橋が流れた。
1949年8月	昭和24年8月	家屋の損壊・流失10戸、床上浸水890戸(ジュディス台風)
1950年9月	昭和25年9月	家屋の損壊・流失28戸、床上浸水1577戸(キジア台風)
1952年	昭和27年	相良村永江地区、床上浸水。
1953年	昭和28年	相良村永江地区、床上浸水。
1954年8月	昭和29年8月	死傷者・行方不明6人、家屋の損壊・流失106戸、床上浸水562戸。
1954年9月	昭和29年9月	人吉市、球磨郡における死者・行方不明28人、家屋の損壊・流失174戸、床上浸水112戸。
1955年	昭和30年	荒瀬ダム完成。
1958年	昭和33年	瀬戸石ダム完成。
1959年	昭和34年	市房ダム完成。
1960年代		球磨川本川の築堤が一部を残し完成。

本書で紹介した流域住民の人選の基準

本書で紹介した流域住民の人選の基準は次の通りである。

1．国土交通省主催の「くまがわ・明日の川づくり報告会」で深刻な水害被害を訴えた人、河川環境について質問した人

2．1の人の紹介や本書編集委員が行った水害被害の聞き取り対象者募集の呼びかけに応募した人

3．昔の球磨川・川辺川について詳しい人

＊ ダム賛成・反対の基準で人選した訳ではない。

流域住民の声

水害が全てを押し流し、今も恐怖を呼び起こす

●球磨村・満生《まんせい》忠久さん、タケさん

満生さんご夫婦は、今は、球磨川を臨む高台の、ＪＲ一勝地駅と一勝地郵便局の並びに住んでいます。これまで二度も球磨川の水害被害にあいました。商店を営んでいたため損害も大きく、物的損害だけでなく心の傷も未だ癒えていません。主にタケさんが話してくれました。

昭和四〇（一九六五）年七月三日に、最初の水害被害にあいました。天井まで浸かりました。球磨村役場の下の球磨川に、この辺の人が虎岩といっている虎が寝ているような大きな岩がありますが、あの虎岩が冠水したら、もう自分の家は駄目だと思っていました。そのころは子どもも小さく、子どもを人に預けて家の中の荷物を取りに行きました。訪ねて来た私の兄弟は、線路をたどって来ました。その時は、ここの下の方、球磨川の川端に住んでいました。この辺の部落の家々が十数軒、幅は狭いですが、昭和四〇年までは川端に並んで建っていました。今、そこには一軒も残っておらず草むらになっています。自分の家のあった所は道路になっています。今も七月三日が来ると、恐くなってしまいます。

昭和三五（一九六〇）年に結婚しました。雑貨店を営んでいました。昭和四〇年の水害の時は、隣りの家は流されましたが、自分の家は新しく、ボルトで土台を締めてあったので骨格だけは残りました。浮いた家は、土台にしっかりとつないでいない古い家でした。先祖代々、川端に長く住んできた

古い家でした。それまでは、家が流されたり損壊されるような水害はなかったということです。市房ダムができる時は、何の説明もなかったです。できてからは、市房ダムに学校の遠足でも村の人も、ダム見学や見物に行っていました。

昭和四〇年の洪水の時、市房ダムが放流し、瀬戸石ダムの水門が堰き止められたので、上流と下流の水の挟み撃ちになって、被害が生じました。そして瀬戸石ダムの水門が開けられると、今度は下流の坂本村（当時）が浸かりました。県は市房ダムのことは説明しますが、瀬戸石ダムの話はしません。瀬戸石ダムを経営する、当時人吉駅の隣りにあった電源開発の事務所に行って補償交渉しました。しかし、球磨村神瀬《こうのせ》地区の住民には補償しましたが、一勝地地区の住民には関係がないといって補償しませんでした。

商品もほとんど流されました。昭和四〇年までは、水に浸かったことがなかったので、他の人も自分たちも損害保険に入るようなことはありませんでした。昭和四〇年水害を機に、掛け捨ての損害保険に入りました。他の人も、損害保険に入る人がふえました。見舞金が四〇〇〇円出ました。新しく商品を仕入れるために、商工会や国民金融公庫など、利子が安く借りられるところならどこからでも借りました。今は故人となったお爺さんが保証人になってくれました。縫製工として、勤めにも出ました。

やっと商品がそろった頃、昭和五七（一九八二）年の水害にあいました。この時、商品で持ち出せたのは何個かの水筒だけでした。柱のちょっと高い所に、吊していたので持ち出せたのです。

昭和四〇年の水害以来、あまりのことに主人は眠れなくなり、髪の毛は抜け、ボロボロになり、二年ほど病院に入院しました。水害はあってみないとわかりません。安全な所に住んでいる人にはわか

一勝地地区を流れる球磨川

移転した一勝地地区の住宅街

りません。

国鉄の貨物用倉庫があった跡地を、村が買い取った土地が今の家が建っている所です。建設省の九州地方建設局（当時）が、家を見積もりに来て補償金を算定し、村が移転を決めました。村の事業として行われました。国の補償金の範囲内で、家を建て移転しました。家が新しいと、家の固定資産税は建築年で計算されるので高くなり、固定資産税の支払いが大変です。

同じ水害被害地でも、神瀬地区は土地のあてがいがなかったと聞きました。球磨村芋川（宮園）地区は、五、六軒が、つい最近人吉に移転しました。区長さんも移転しました。

ここに移転した後は、水に浸かりません。

（平成一九年八月五日、球磨村の満生さんの自宅にて。聞き手は赤木光代）

ダムは世のためには絶対ならない

●球磨村・大島津喜さん

大島津喜さんは、球磨村渡《わたり》地区の相良橋のたもとに住んでいます。大島さん宅をふくむ三〇戸ほどの茶屋《さや》集落は、相良橋とＪＲ肥薩線の鉄橋（球磨川第二橋梁）の架かっている一八〇メートルほどの距離の球磨川右岸にあります。集落は、相良橋より四～八メートルほどの低地になっています。球磨川の増水時に頼りの堤防は最近拡幅・強化されましたが、堤防がＪＲ線路を支える土手につながっておらず中途半端なため、今後球磨川が増水することがあれば、堤防と線路の土手の間から水が流入し、ここの集落が遊水地化することは、これまでの経験から容易に考えられます。

私は、人吉市の西に流れる万江川《まえがわ》が球磨川に注ぐ所の対岸の、人吉市中神町大柿地区で生まれ育ちました。天狗橋のすぐ側でした。天狗橋は、以前は吊り橋でした。台風で吹き飛んでしまうことがあり、そうなったら新しい橋ができるまで、渡し舟が生活道の代わりでした。私の父が渡し舟を運航していました。河岸には、今も吊り橋の橋桁が残っています。大柿地区と今住んでいる渡地区までの間に、もう一つ沖鶴橋があり、さらに下流の橋が相良橋です。相良橋の真下よりほんの数メートル上流の右岸に、球磨川下り「急流コース」の発船場があります。相良橋は昭和九（一九三四）年竣工です。相良橋ができるまでは、相良橋があった所は、渡し船の渡し場でした。

私が、平成一九（二〇〇七）年五月二一日の「くまがわ・明日の川づくり報告会」で発言した趣旨

渡地区茶屋集落の住宅

川幅を狭める国交省の不可解な工事を非難する大島さん

は、堤防の拡幅工事が住民の思うところと違ったものであったために、工事の青写真をつくる前に住民に計画を知らせ、ここに住む住民の意見を聞いてから工事にとりかかって欲しかったということです。堤防工事は、護岸工事とも言っていましたが、堤防幅をこれまでの約三倍の七〇メートルに広げるものでした。工事は、平成一九（二〇〇七）年三月三一日に一ヶ月の突貫工事で終了しました。

この工事で、川幅が二〇メートル狭くなりました。これまで何度も浸水被害にあってきた住民としては、川幅が狭くなることは恐怖です。球磨川の増水時に、これまで以上に水位が上がることになるからです。これまで浸水しなかった同じ流量でも、浸水する可能性が高まったことになります。

球磨村渡地区は人吉市に隣接し、ここから下流が、球磨川の川幅が狭くなる中流になります。「中流狭窄部」と国土交通省がいうように、山が球磨川に迫っている流域になります。人吉からここ渡地区までの舟下りを「清流コース」といい、ここから球磨村一勝地地区の球泉洞までを「急流コース」というのは、川幅が狭くなる上に落差が急だからでしょう。筑後川の支流の三隈川が、大分県日田市で、筑後川の中流より川幅が広く、流れも緩やかなのと同じように、人吉市街地の球磨川は、渡地区より上流なのに、川幅も広く、流れも緩やかです。地形上、共通する特徴です。

先に述べた川づくり報告会で、国交省八代河川国道事務所の藤巻浩之所長は、「渡地区は、地形的な宿命というか……」と言いましたが、そう分かっていながら川幅を狭める工事をしたことは、納得いきません。私の他に同じような意見を発言する人はいなかったですが、後であの報告会に参加した人たちが何人も、「大島さんの言う通り」と言ってきました。「なら、なんで発言せんじゃったと（しなかったの）」と返しましたが、思っていてもああいう場で発言できる人は少ないです。

それから、発船場の所は、飛び込んだりしていたくらい深かったのに、土砂で浅くなっています。以前は、大人の胸あたりまでの深さでした。今は膝下くらいの深さで、歩いて渡れるほどになっています。ここを浚渫《しゅんせつ》してほしいです。洪水のとき、球磨川の水位をできるだけ低くするためです。

昭和三〇（一九五五）年に結婚し、この渡地区に移って来てから、五二年間住んでいます。

先に述べたように生まれ育ったのは人吉市中神町で、子どもの頃、球磨川は実に豊かな川でした。多くの恵みを与えてくれました。大水が引いた後は、浅瀬に夜鮎をつかみ獲りに行きました。二〇〜三〇匹くらいを、二、三日続けて獲り楽しんだものでした。このあたりで、「濁り掬い」という大水の後のアユ獲りは、網を上げるのがたいへんなほど多く獲れました。多く獲れたときは、塩漬けにして保存食としてよく食べました。川カニも、「ウケ」で、毎朝一〇キロくらいは獲れていました。「ウケ」は、川カニが入ったら出られなくなるように竹で編んだものです。「ウナギテゴ」も、五本くらい浸けて、朝上げると「テゴ」の口近くまでウナギが入っており、ウナギ屋さんに持って行って売り、文房具などを買いました。祖父がオイカワを獲る「ヒビ」という道具を浸けておくと、茶摘みかごに半分くらいも獲れました。それを串に刺してあぶったものを、人吉の旅館から注文をとって、姉が自転車で持って行き、生活費の足しにしていました。

球磨川はまた、よい遊び場でもありました。泳いで遊んでいました。水がきれいで川の底まで見えるので、白い石を投げて、四、五メートルくらい潜って石を取り合う遊びもよくしました。球磨川下りの舟が通るときに、瀬の所で蔓にぶら下がって飛び込んでみせると、舟下りの観光客が喜んでミカンやリンゴを投げてくれました。

昭和三五（一九六〇）年に市房ダムができてからもしばらくは、大水が楽しみでした。しかし、昭和四〇（一九六五）年七月三日の洪水から、一変しました。それまでは、わが家は比較的高い場所にあり、大雨のとき下の家の荷物を預かる習慣でした。この日、下の家の荷物を預かった後、主人と私は隣りの荷物の片づけに行き、隣りのおばさんを自宅に預かっていて、ご飯も炊いていたので、私が先に家に戻ってみると、すでに家の土間に水が来ており、かまどは浮いていてメチャメチャになっていて、びっくりしました。すぐに主人に連絡すると、主人は職場の郵便局に向かいました。三人の方に来ていただきましたが、水の来るのが早く、オルガンと子どもの整理ダンスを二階に上げたときには、畳が水で浮き上がっていました。畳は水かさが増すと立つんですね。このとき初めて知りました。

主人は郵便局で電話交換をしており、最後の通信を終わって、避難しますと言って、やっと水の中を逃げることができました。私は柱につかまっていたところに、消防の人が舟を持って来て、助けてくれました。命からがらとは、こういうことをいうのでしょう。

この日、増水が早く、小学三年生の長女と、小学一年生の長男、四歳の次男の子ども三人と父を、隣りの吉田医院に避難させました。先生が次男を、おぶって行ってくれました。子どもたちには、教科書だけを持って避難するように言い、長男が教科書をランドセルに入れているものと思い、ランド

水に浸かってしまう渡地区茶屋集落の住宅街

セルを背負わせて避難させましたが、長男は机の中に入れていたそうで、買ってやったばかりの机も教科書も流されてしまいました。ランドセルの中は空なのを、確かめてやる余裕もできませんでした。

そのころの私の家は古く、二階は板張りでした。郵便局長さんが持って来てくれたむしろ四枚と、救援物資の毛布一枚を敷き、子どもたちを寝かせていました。家の片づけはしましたが、住めるような状態ではありませんでした。最近葬式のために帰省した娘は、あの時、寝ていて屋根の瓦が台風で飛んで、その穴から暗い空が見えて恐かったと、四二年経った今でも不安な気持ちを覚えていると話しました。着替えも十分ではなく、泥水で下着を洗う日が続きました。食事も、救援のソーセージやハンバーガーくらいだったと思います。同じ日に、一勝地地区で洪水被害にあった友人のところは、炊き出しのおにぎりがあったと聞き、人心地ついてから、「あんたんところはよかったね」と言ったことでした。私のところは、数日後、父が米を持って来てくれました。父は、球磨川の川伝いに来ることができず、何時間もかかる山越えの道筋を、たいへんな思いをして来てくれました。しかし、せっかく米を持って来てくれましたが、ガスがなく、ご飯を炊くことはできませんでした。

その後、元の屋敷あとに家を再建しました。一階を全部駐車場にしました。私は人吉に建てたかったのですが、主人が「渡地区から離れたくない」「川の側がいい」と言ったからです。家を再建した後も、洪水は何度もあり、三回被害にあい避難も数回しました。何の補償もないです。

現在は、年金で生活しており、家のローンで生活は厳しいです。ダムさえなければ、こんなことにはならなかった、楽しい老後が送れたのにと非常に残念です。国土交通省は、ダムは人々の生命財産を守るためといいますが、ダムは世の中のためには絶対なりません。

（平成一九年八月五日、球磨村にて。聞き手は赤木光代）

まずはダム以外の治水対策を

●球磨村・Aさん

球磨川と平行して走る国道二一九号線を人吉市に向かって車を走らせる。瀬戸石ダムを過ぎ、左手の山の中腹にある球磨村役場の下から球磨橋を渡るとそこが一勝地地区である。

一勝地地区から宮園地区、そして池の下地区と旧人吉街道沿いの集落を通り過ぎてしばらく走ると淋《そそぎ》地区に着く。

地区に入るとまず目に入るのは、木々の間にそびえたつ巨大な男性器の姿をした木製の御神体である。これが有名な柴立姫《しばたてひめ》神社である。Aさんのお宅はこの淋地区にある。

「私は国土交通省が主催した『くまがわ・明日の川づくり報告会』で、中村和彦さんが言ったこと（＊1）に全く賛成だ。堤防のかさ上げをしたり、宅地のかさ上げをしたりして、すべての手立てを尽くしてみたらいい。すべてを尽くした上で、どうしようもない、（治水のためには）ダムしか方法はない、となればダムを造ればいい。そういう手立てをしないで、国交省はいきなりダムにいく。ダムしか方法はないというのはおかしい」と開口一番、Aさんは語ってくれた。以下、Aさんの話は続く。

熊本日日新聞で川づくり報告会のことを知り参加しました。「（球磨川水系の河川整備）基本方針の説明会」ということなので、自分たちの要望などは出せないと思っていました。しかし、実際の報告会の中身は異なっていました。住民にいろんな要望を出してくれという話でした。

護岸工事がされた淋地区の球磨川河畔

淋地区を流れる球磨川

自分は、ダムを前提のかさ上げ工事と聞いたが、ダムを作らないならかさ上げ工事はしないのかと、実はそれを聞きたかったのです。（国交省の説明を聞いて）ダムを前提とした基本方針の報告会だと感じたので、最後に記入するアンケートには答えませんでした。報告会で聞いた中村さんが言った意見は、全くそのとおりだと思っています。

淋地区は、かさ上げ工事の第一期工事（低水護岸工事）が終了しています。この後、道路と家屋のかさ上げ工事に入ると思います。上流の宮園地区は宅地のかさ上げ工事のために、五軒が立ち退きで移転していきました。今も宮園地区では芋川の河川改修工事とかさ上げ工事が行われています。宮園地区の下流の池の下地区では、河川改修の二期工事が始まりました。川原に重機が入っています。淋地区は池の下地区の下流で、まだ具体的な打診はありませんが、いずれかさ上げ工事が開始されるだろうと思います。淋地区も集落の戸数が減っていきます。集落がさびしくなっていきます。

昭和五七（一九八二）年は七月一二日と七月二五日の二回、家の下まで水が来ました（七月二五日は長崎大水害の翌日の豪雨）。このときは洪水の水しぶきが我が家の畳までかかったくらいでした。自分の家は床上浸水まではなかったのですが、すぐ下に建っている姉の家は水に浸かりました。洪水のときは、下の姉の家の様子を見ながら判断

芋川の河川整備（球磨村宮園地区）

住宅かさ上げの様子（球磨村宮園地区）

しています。それと、水が出たら、まず車を先に避難させるようにしています。

実は下の道路沿いにある柴神さん（前述の柴立姫神社）が、洪水のときの目印にもなります。巨大な男性性器が建てられているから、あれが浸かったら危なくなるというように、目印にもなっているのです。今のシンボルは二代目。柴神さんのかさ上げは球磨村の村長も望んでいます。神社周辺をきちんと整備していけば、「川の駅」として、観光名所になりうるものだと思います。

市房ダムの放流の怖さは実際に感じます。川沿いに住んでいると、ダムからの放流があるとすぐわかるものです。川の水面が波打つようになるから。ダムの放流の情報をすぐ流してほしいと言い続けています。今は家々に室内無線があるので、そういう情報はこまめに出すと良い。平成一八（二〇〇六）年は中古だが、ダムの放流で舟を一艘流してしまいました。

自分は仕事の関係で人吉に通っています。仕事だけでなく、いろんな人と話したりしていますが、このところタブーがタブーでなくなったように思います。なにより、床屋さんやなんかでダムの話ができるようになったから。

自分はダムには反対です。人吉旅館の堀尾芳人さん（「球磨川大水

市房ダム

柴立姫神社

害体験者の会」会長）の言っていることは正しいと思っています。人吉は昭和四〇（一九六五）年七月三日の大水害を経験しています。水害体験者は市房ダムの放流で被害が大きくなった、だからダムは怖いと言っています。一〇〇パーセント大洪水がダムのせいじゃないかもしれませんが、一度そういう体験をされたなら、ダムのせいで被害が増大した、ダムは怖いから反対だという見方をするようになるんじゃなかろうか。

この地区（球磨川中流域）の近くの治水対策を言うなら、渡地区の発船場の上のほうの土砂をちょっと除去したらいいと思います。丸石《ぐりいし》のほうがコンクリートの噛み付きがいいから、除去した土砂は売れるはずです。なぜ国交省はそうしないのか不思議に思います。人吉で二万立方メートルの土砂を除去したら（平成一七（二〇〇五）年、一八（二〇〇六）年の堆積土砂の除去のこと）、水位が一〇～一五センチメートルぐらい下がっています。土砂除去の効果はあるはずだと思います。

少年時代、父親が病気がちだったので、ウナギをウナギカゴで捕って、初めて売って一五〇円稼いだときはうれしかった。その金でズボンのベルトが買えました。

昔は筏を流すために、遙拝堰は八の字に開いていました（昭和四三（一九六八）年頃、コンクリート堰に全面改修。中央部分も閉じられた）。

昔は、夜舟を漕いでいると、魚が飛び込んできていたそうです。「筏と鮎漁で貧乏はしとらんだった」と昔の人から聞いたりしています(＊2)。

(平成一九年九月九日、球磨村淋地区のAさんの自宅にて。聞き手は須藤久仁恵)

＊1　中村和彦さんが言ったこと：平成一九（二〇〇七）年五月一四日、球磨村で開催された「川づくり報告会」の会場で、「ダムを作るまえに、堤防のかさ上げをしたり、宅地のかさ上げをしたり、堆積した土砂を除去したりして、宅地や道路が水に浸からないためのあらゆる手立てを尽くしてほしい」と発言した球磨村の消防団団員の中村和彦さんの意見のこと。

＊2　「筏と鮎漁で貧乏はしとらん〜」：芦北町吉尾地区での「川づくり報告会」で、「(アユ漁やうなぎなどの漁で)ひと夏で年の使い銭は稼げていた」と証言した地区住民がいたことも参考になる。

治水対策は水門の設置とポンプの充実で

●球磨村・Bさん

球磨村で水防団のメンバーとして活動しているBさん（男性、五〇歳）に球磨村の水害被害の状況と水防団の活動について話を伺った。

私は球磨村の水防団（構成人員二九〇名を越える）の中心メンバーの一員として活動しています。職業は森林組合の職員です。少し前に勤続三一年の褒章を受けました。球磨村の水害の大部分は内水問題だと感じています（外水とは河川の本流を流れている水のことで、内水は支流から本川に流れ込む水のこと）。

球磨川の支流の川内川《かわうち》の内水対策として、一昨年、国交省が排水ポンプを設置しました。昨年は、球磨川に内水を出すための暗渠から水が逆流して、一軒の家が浸かりかけたことがあります。第九分団は内水を排水するために水防ポンプを使いました。

神瀬地区に住み、水防団として活動している自分らが考える治水は、内水対策をどうするか、ということです。具体的な方法としては水門の設置とポンプ設備の充実です。どんな方法でもいいから「浸からない」ことをまず私たち水防団としては考えます。それもすぐに対応できる方法を。

内水を排水するためには本川（球磨川）が低くないといけません。国道二一九号線沿いの家が浸かろうとしていました。そこは低くなっています。神瀬地区の前後二箇所（神瀬二軒、箙瀬《えびらせ》二軒）で浸

国道219号線の水害の痕跡（昭和46年）

川内川（手前）と球磨川

かろうとしました。道路と宅地をかさ上げするべきです。
　川内川沿いは以前は浸かっていましたが、土嚢を積むようになってからは浸からなくなりました。水門を設けたらいいのではないかと思います。最近は水の出方が早くなりました。ダムの放流があると、川の真ん中の水面が急に盛り上がります。出動回数は以前より増えました。川内川の水位は低くなっています。大雨が降り、洪水が予想される時、連絡が入り水防団は待機となり、自宅待機か支部に詰めることになります。しかし、待機していても出動のメドが立たないので、気象情報などの連絡がこまめに入ればいいと思います。ダムの放水や今後の雨量の動向などの情報が欲しいと思います。
　第八、第九分団が神瀬地区の担当です。消防よりも水防の出動回数が多いです。球磨村の水防団は二九〇数名います。水防団の定年はありません。道路が冠水して、車が国道に立ち往生したときがありましたが、私たちは地域の人命を守るという任務を帯びているので、山越えして、孤立した車に水・食料を届けに行ったことがあります。また、水害だけでなく捜索活動や火事の時の消防活動など、水・山・火事などの面で、地域住民の生命と財産を実際に守っているのは水防（消防）団だという自負を持っています。行方不明者の捜索のため出動することもあります。

消防団について‥消防団の訓練は、主に七月の夏期訓練と正月の出初め式です。どちらも、管轄の自治体単位で実施されます。普段は、月に一度のポンプの点検の際に、機器の操作法や消防団の決まり事を後輩に伝授しています。入団は一八歳以上ですが、あくまでも本人の意思を優先します。地域に対する愛着と献身的な姿勢がなければ、消防団員は務まりません。

（平成一九年七月二九日、球磨村にて。聞き手は土森武友）

ダムや堰のない鮎踊る球磨川の復活を！

● 球磨村・高沢欣一さん

球磨村神瀬地区に住む高沢欣一さんはかつて、球磨川漁協の組合長をしていた。話してみると清流と鮎を思う気持ちがいつも伝わってくる。

自分で捕った鮎を手にする高沢さん

　平成六年ごろ、私は球磨川漁業協同組合の組合長をしていました。私にとって、一番の心配事は球磨川の鮎のことです。今年（平成一九年）春、球磨川河口ですくい上げをした自然遡上の稚鮎（球磨川産）の数は四〇万匹しかなかったと、先日球磨川漁協で聞きました。毎年、球磨川漁協は鮎の放流事業を行っています。今年漁協が放流した数は全部で一七〇万匹くらいですが、自然遡上する鮎の数は年々減少してきています。

　私が組合長のころ、放流目標数は三〇〇万匹だったことを思えば、近年の鮎の減少が、なおさら気になっています。

　私は「くまがわ・明日の川づくり報告会」（球磨村神瀬地区・平成一九年五月一四日開催）で、ダムの魚道のことについて、「国は荒瀬ダムと瀬戸石ダムに三〇億円かけて魚道を作っている。実際にそこを利用して遡上してくる鮎はいるのか。実際のデータを示して明らかにして欲しい」と質問しました。

国交省は二五種類の魚がそこを利用している、しかし個体数は把握していないと回答しましたが、球磨川にとって一番大事な鮎について調査結果が十分示されません。一番大事な鮎に絞った調査を国交省が行っているのか、そのデータを把握しているのだろうか、私には疑問に思えます。

球磨川に鮎が増えたら、観光に与える効果は莫大なものとなります。現在の九〜一〇億円が何百億円ともなるでしょう。当然、鮎が増えたほうがいい。

遥拝堰のことをお話しましょう。遙拝堰という堰が荒瀬ダムの下流にありますが、ここから過大に農業用水や工業用水が取られて、遥拝堰から下流の水量が減っています。農繁期なら水を取るのも理解できますが、稲刈りが済んだ農閑期も同じです。一定の量(＊1)がとられ続けています。農業用水なら、農繁期と農閑期で取水量が変化してもいいはずですが、年間を通して全く同じ取水量です。八代第一、第二土地改良組合に「水を戻せ」と交渉したり、久留米にある農政局まで何度も申し入れに行きましたが、聞き入れてもらえなかったことを覚えています。

昭和四〇（一九六五）年ごろの遥拝堰(＊2)は、中央が開いた八の字の形をしていた堰（加藤清正が石堰に改築。船や筏などの水運を考慮し中央が開いた八の字形にされた）でした。上流で筏が組まれ、八代まで木材が運ばれてきていました。真ん中が開いていたので、筏も往来できましたが、鮎も当然遡上していました。八の字堰があったころは一二〇〇万匹もの鮎が上がってきていました。ところが、昭和四三（一九六八）年に八の字堰は全面改築されて、中央がせき止められたコンクリート堰となってしまいました。荒瀬ダムと瀬戸石ダム、そしてコンクリートの遙拝堰が完成したことで、筏の往来は勿論、鮎の行き来もできなくなってしまったのです。

神瀬地区を流れる球磨川

遥拝堰

秋になり、鮎は腹に子ができたら川を下ろうとしますが（落ち鮎）、入ってないとき（若鮎の時期）は川を上ろうとする性質があります。若鮎が遡上するとき、段差が二〇センチメートルまでなら鮎は上ってこれます。しかし、段差が三〇センチメートルになれば、上がれないのです。ところが、遥拝堰の魚道には段差が三〇センチメートルあるところもあります。これじゃ魚道を作っても、鮎は遡上することができないのですよ。段差の高さを下げて、鮎が上れるようにして欲しいと思います。

それと、遙拝堰を見てもらうとわかると思いますが、右岸に三基、左岸に二基の取水口が設置されて、八代平野の田んぼや畑に水が流れていきます。しかし、取水口に防護策をとってないから、そこから稚鮎やイダ、ウグイ、ハエなど小さい魚が吸い込まれている。八代平野の田んぼの中で、鮎が死んでいる。小さな網目の防護をするだけでもかなり違うと思うので、なんとか防護策をとってほしいと思います。

瀬戸石ダム、荒瀬ダムで土砂の供給がせき止められて、遥拝堰から下の瀬が消えています。瀬が消えたのは、砂利を取る許可を国交省が与えたせいでもあるでしょう。ここは鮎のいい産卵場でもあったのです。瀬が消えて、河口からの汽水域が増えて、魚の種類が変化してきています。荒瀬ダムの撤去が決まっています。熊本県は荒瀬ダムの土砂を川岸に積み上げて、大雨のときに「自然流下」させて下流に流している。環境に負荷を与えない方法だと思う。遥拝堰から下の瀬を蘇らせようと国交省は報告会で言いますが、具体的にどんな方法があるのかと思います。

平成六（一九九四）年の大渇水のとき、遙拝堰から下流の水が消えました。最近の球磨川も水が少なくなっています。原因として、山の作業道が増えたこと、側溝が増えたこと、舗装道路になったことなどで、（雨が地中にしみこまないで）水が一気に流れてしまうからではないかと思っています。だから、水も一気に増えますが、流れ方も一気です。そして、以前より水の澄み方に時間がかかるようになってきています。砂防堤を作りすぎているんじゃなかろうか、とも感じます。

昔は球磨村の白石地区が球磨川下りの終点でした。この地区に四軒もの旅館があり、賑やかでした。神瀬地区の川べりに家が何軒かありましたが、家屋や国道のかさ上げ工事で移転した家もあります。以前、球磨川漁協でカニや鮎、うなぎの放流を行っていました。今獲れるカニはその当時、放流したものでしょう。昔はカニが水面近くの岸を連なって登ってきていました。そりゃあ、すごかった。そういうのも、思い出です。

（平成一九年七月二九日、球磨村の高澤さんの自宅にて。聞き手は須藤久仁恵）

＊1　一定の量：球磨川の河口から九キロメートル付近に設置されている遙拝堰から、かんがい用水、工業用水、上水道用水として最大で毎秒一九・六二九立方メートル取水されている（国交省・検討小委員会資料より）。

＊2　遥拝堰：球磨川が山間部から八代平野に抜ける地点には、元徳二（一三三〇）年頃につくられた「杭瀬」と呼ばれる木の杭を川の中に並べて打ち込んだ農業用取水堰があった。

加藤清正はこれを石堰に改良し、当時、当地区で三川に分かれていた球磨川を締め切りによって現在の一筋にまとめた。大型の割石や自然石を用いて強固なものにするとともに、船や筏などの水運を考慮し中央が開けた八の字形にされていた。

遙拝とは遠い場所から神仏を拝むことをいい、南北朝時代、懐良親王（後醍醐天皇の第一六皇子で征西大将軍に任命された）が高田の御所に在居のおりに参拝し、国家安泰を祈った「豊芦原神社（通称、遙拝神社）」が近くにあったことから遙拝堰と呼ばれるようになった。

昭和四三（一九六八）年に全面改築され、コンクリートの堰となり現在に至っている（国土交通省河川伝統技術データベースから引用）。

瀬戸石ダム湖と市房ダム放流の挟み撃ちにあう

●八代市・荒川亨さん・久美さん

荒川亨さん、久美さん夫妻は、現在八代市西宮地区に住んでいますが、昭和五九（一九八四）年までは、葦北郡芦北町箙瀬《えびらせ》地区に住んでいました。箙瀬地区は、瀬戸石ダムから二・五キロメートルほど遡った球磨川左岸、JR肥薩線の吉尾駅より少し下流部にあります。吉尾駅近くで球磨川に吉尾川が注ぎます。荒川さん夫妻に昭和五七（一九八二）年の水害被害を語っていただきました。


私たちは、昭和五七年の洪水のとき芦北町箙瀬で床上浸水する被害にあい、それがきっかけで、昭和五九（一九八四）年九月に八代に移転しました。先祖が、明治一〇（一八七八）年の西南戦争の時にはすでに箙瀬に住んでいたことがわかっており、長く住み続けていたことになります。

昭和二二（一九四七）年のキジヤ台風の洪水の時でさえ、浸水まで二メートルの余裕がありました。標高五〇メートルが湛水線で、標高五二メートルが危険区域といわれていました。私の家はそれより少し高かったため、絶対大丈夫といわれていました。昭和五六（一九八一）年、吉尾川が氾濫した時も、私のところと合わせて二戸が浸水しませんでした。

ところが、昭和五七（一九八二）年の洪水の時、とうとう私の家も床上浸水しました。上流の市房ダムや、下流の瀬戸石ダムと荒瀬ダムができてから水害が発生するようになりました。でなければ、分かっているだけでも明治の初めからずっと住み続けないでしょう。荒瀬ダムを作る時、治水専用と

箙瀬地区を流れる球磨川

芦北町箙瀬地区

いわれ、賛成したにもかかわらずです。

瀬戸石ダムを経営する電源開発(*)が、「移ってくれ」と言いに来ました。建設省は、移転補償に全く関与しませんでした。瀬戸石ダムは、供用開始が昭和三七（一九六二）年です。

補償はおさえにおさえて、今の箙瀬の半分以下です。それはみじめなものでしたよ。昭和五七年洪水は激甚災害が適用されるほどの被害でした。その後、建設省の宅地かさ上げの事業があり、建設省と交渉した人は補償額がよかった。私たちは電源開発と交渉したため、今住んでいる中古の家を買ったら、移転補償金は残らなかった。家財道具やその他一切は、自前を余儀なくされました。

祖父、父と二代にわたってアユの仲買いをしていましたが、私（亨さん）は箙瀬では、コンクリート・ポンプのオペレーターをしながら農業を営んでいました。八代に来てからは箙瀬に通うのも大変で、田んぼとみかん畑には杉を植えてきました。

不思議に思うのは、雨が上がると水が引くのに、雨が止んでから、色も違うし、ドロ臭い生臭い水が押し寄せてくるのです。川の中央が盛り上がり、階段のように波打つのです。それらはどう考えても、ダム放流のせいとしか思われません。

ダムができてから、球磨川で洗濯する時、水が臭いんですよね。生

上流から見た瀬戸石ダム

臭いけれども、子どもが四人と多かったから、洗濯は球磨川で、飲み水や料理の水は別の水源に頼っていました。
ダムができる前は、球磨川の水を飲んでいました。その頃は、五月一一日がアユの解禁日でした。一番元気のいいアユは、飲めるほどきれいな流れの中を真っ先に上流に行っていました。
それに比べ、市房ダムができ、放流されるようになると、泥を練ったような濃い茶色の色をした流れに変わります。もう一つダムができたら大変ですよ。たまったもんじゃない。
荒瀬ダムの撤去が決まりましたが、荒瀬ダムが撤去されると、約九キロメートル上流にある瀬戸石ダムは、日に八、九時間しか稼動できないと聞きます。荒瀬ダムの撤去後、荒瀬ダムのダム湖はなくなるので、瀬戸石ダム直下の流れが枯れ、瀬戸石ダムのダム湖の水を一定度、放流しなければならなくなるからです。瀬戸石ダムの撤去も望むところです。

（平成一九年九月二三日、八代市の荒川さんの自宅にて。聞き手は赤木光代）

＊　電源開発：昭和二七（一九五二）年、電源開発促進法に基づき設立された国策発電会社。その後、官民が出資する第三セクターとなり、平成一五（二〇〇三）年に完全民営化され、株式会社「J-POWER」となる。瀬戸石ダムは、同社が所有・管理する発電専用のダム。

荒瀬・瀬戸石両ダムの撤去を

●八代市坂本町・Yさん

昭和三〇（一九五五）年に作られた県営荒瀬ダムだが、水利権の失効を機に、熊本県はダムを撤去することを平成一四（二〇〇二）年一二月に決定した。平成二二（二〇一〇）年から日本で初めてのダム撤去が始まる予定である。球磨川の中流域の八代市坂本町にお住まいのYさんから荒瀬ダム撤去のお話や球磨川沿いに住む者でなければ知りえない、いろいろなお話を伺うことができた。

荒瀬ダムのこと

荒瀬ダムの撤去の要望を、坂本村（当時）の関係者とともに行いました。県議会でダムの撤去が正式に決まったとき、村の人たちと傍聴に行きました。荒瀬ダムができた頃は、終戦後の経済復興の時代でもあり、電気が一番必要だったころです。だから発電のための荒瀬ダムの建設は仕方がないと受け止めていました。しかし現在は、荒瀬ダムで作られる発電量より、それを維持・管理するのに費用がかかります。また、時代も進み、電気を水力だけでなく、いろんなほかの方法で作れるようになってきています。ダムができたことで、川の環境も大きな影響をうけています。だから、水利権の失効を機にダムは撤去したほうがいいと思います。

荒瀬ダムは一年に一度水門を開けて、「ダムを干して」います。そのときに護岸工事などを行うのですが、水が減った湖底をみると、溜まった土砂がヘドロ化しているのがよくわかります。長靴を履いてそこに入ると、靴の半分くらいがヘドロに埋まります。

昔はどこにでもいたハゼやドンコ、ドジョウのような、吸盤のような口を持った魚が最近はいなくなっています。「カマツカ」もいなくなりました。吸盤みたいな口で川底の泥を食べて、川の掃除をしてくれていました。そういう魚が消えてしまっているのです。外来種の増加も原因があるかもしれません。家の前を流れる球磨川を見ていると、トンビがよく飛んできているのが見えます。瀬戸石ダムの取水口にうなぎが吸い込まれて、それが千切れて流れてきます。それを狙ってトンビが食べにくるのです。

荒瀬ダム

魚の生態は、流域に住んでいる私たちのほうがよく知っていると思います。今、川に網を入れても、ヘドロが網にべっとりとついてくる状態になっています。

山と川と海。これを一体として捉えることが大事だと思っています。川は水が流れてこそ川です。東京の神田川を思い浮かべてください。昭和三〇（一九五五）年以降、東京の都市開発などが進み、あそこは油が浮いたドブ川に変わっていました。最近では水質など回復してきていると思いますが、不自然な流れだと思います。

今はほとんどの川が、ダムや堰でせき止められて、昔の面影もなくなっています。海の魚も減り、川の魚も減っています。このままでいけば、人間も魚も住めなくなってしまいます。海と川と山とが繋がったものとして、連携的な取り組みをしなければならないと私は考えています。住民の声を聞いてほしいと思います。住民も経験や出来事を報告したり発表したりして、広く知らせることが大事で

瀬戸石ダム

中津道地区を流れる球磨川

はないかと思います。行政に任せっきりではなくて、行政と地域が連携することが大事だと思います。

宅地のかさ上げについて

我が家は坂本町の中津道《なかつみち》地区で、荒瀬ダムと瀬戸石ダムにはさまれた地域で、洪水被害によくあっています。川向こうには、肥薩線の線路が走っています。平成一八（二〇〇六）年、この線路が浸かりました。線路に沿って、旧人吉街道といわれる道路が走っています。この道路の拡幅とかさ上げ工事が始まって、我が家の正面から見えますが、一部は新しい護岸が作られています。護岸を作ると川の流れが変わり、水がこちら（中津道地区）に戻ってきます。これは対岸の住民が望むことでもあるので、しようがないことです。川に入れるのは魚が生息できるような、穴がついた石垣がいいと思います。コンクリートで作ったブロックはコンクリートからアクが出るので、川にも魚にもよくないでしょう。

この地区の宅地かさ上げについてですが、平成九（一九九七）年ごろから、この地区の宅地かさ上げの説明会が始まったのですが、説明どおりにいきません。

球磨川に面したこのあたりの家は、ダムができる前は高床式の家を作っていました。宅地のかさ上げ工事をするときになってはじめて、「宅地」の概念の違いにぶつかりました。流域に住んでいる我々は、家の土台から法面にかけてすべてひっくるめて「宅地」といいます。ところが都市部では、「宅地」といえば家が建っている範囲だけのことしか言いません。かさ上げ工事のとき、この概念の違いで不満が残りました。宅地のかさ上げは、まず自費で行います。その後、行政からの補助が降りる仕組みになっているのです。

宅地の概念の違いもあり、昔から残っている大きな石組みなどを生かした土台工事は自費で行いました。こういうことは体験したものでないとわからないと思います。このへんの家は、倉庫などに使わなくなった農機具とか、いろんなものを残していました。そんな昔の農機具や宅地の土台に使っていた石垣の石も、都会の人からみれば貴重品なんだろうと思います。

住民が納得できる方策をたてて、若い人と一緒に生活ができる環境整備、地域づくりをしてほしいと望んでいます。我が家は平成一六（二〇〇四）年に工事に着手して、平成一七（二〇〇五）年に完成しました。この地区では二〜三軒の家のかさ上げ工事がまだ残っており、宅地のかさ上げが現在「中断」している状態です。

荒瀬ダムがなくなると、これまでと同様のダムの運用はできないから、瀬戸石ダムも撤去せざるをえなくなります。瀬戸石ダムが放流しても、前は荒瀬ダムがあったがこれからはダム湖がなくなるので危険になります。だから、治水で望んでいることなのですが、荒瀬ダムと瀬戸石ダムの両方を撤去したらいいと思います。

（平成一九年九月九日、八代市坂本町のYさんの自宅にて。聞き手は須藤久仁恵）

ダムが私たちの地区を分断した

●八代市・早野博之さん

「ダムをつくったばっかりに、村の中がもめる。村の心が乱れる」

荒瀬ダムと瀬戸石ダムに挟まれた坂本町中津道地区に生まれ育ち、現在八代市在住の早野博之さん（五六歳）は、昭和三八（一九六三）年、三九（一九六四）年、四〇（一九六五）年の大水害を体験したときの恐怖と、その後の体験者が翻弄され続けてきた積年の思いを、堰をきったように話した。特に、行政による一貫性のなさによって翻弄され続けてきた歴史は、現在の施策にも大きな影を落としているという。

昭和二六（一九五一）年に早野さんは坂本村中津道地区に生まれた。その後、昭和四五（一九七〇）年に地区外に移り住む。早野さんの生家は、荒瀬ダムの平水位（満水時の水位・海抜三一・五メートル）よりわずか四メートルの高さにあった。ダムができる前、二度も床下浸水の被害を受けており、早野さんの父はダムへの不安を何度も口にしていたという。

第二次世界大戦後の復興期、『国土総合開発』の名目で、早野さんの生家から八キロメートル下流に県営荒瀬ダム（昭和二八年着工、昭和三〇年竣工）、上流二キロメートルに電源開発の瀬戸石ダム（昭和三一年着工、昭和三三年竣工）が建設されたことによって、中津道地区はダムとダムの間に挟まれた。荒瀬ダムと瀬戸石ダムの間が一〇キロメール弱しか離れていないことで、中津道地区は双方のダムの影響を非常に受けやすくなっている。早野さんは語る。

父の不安を裏付けるように、昭和三八年、三九年に床下浸水、四〇年には床上浸水被害を受けました。荒瀬ダムが作られた当時、ダムの平水位（通常水位）は三二・五メートル、最大でも三三・五メートルしか上昇しないと説明していたのです。ところが実際には、昭和三八年と三九年は三六・五メートル、四〇年は三九メートル（何れも海抜）の高さにまで水位は上昇しており、生家を含む地区が被害を受けています。ちなみに、一キロメートル下流の球磨川をまたぐ肥薩線の「球磨川第一橋梁（当時は鎌瀬鉄橋）」は荒瀬ダムができたときに一メートルのかさ上げ工事を行っているのに、住家に対しては何の補償（対策）もありませんでした。

昭和三八年の水害のときの流失家屋に対しては、背水線補償（*1）という名目で企業局から提示されました。当時（昭和三八年ごろ）の建物の評価額の一〇分の一の補償額を提示してきたのです。当然のことですが、みんな納得できません。地区の先頭に立っていたのが私の父で、地域の村会議員さんや地区選出の県会議員などに間に入ってもらって県と交渉したけど、二年も話してもらちがあきませんでした。でも実際に被害にあった人は、復旧費用などが必要なので、目の前に補償が提示されると、それを受け入れようとする気持ちになるのです。受け入れざるを得ないのです。背水線補償という名目で、一番下の川端に家が建っていた人たちは一割の補償をもらいました。ただ、背水線補償という形なので、満水位から一メートルの水位までは補償しましょうというものです。そこから外れたら、何もありません。私の生家の石垣が残っているのですが、この石垣には水面から一メートルの高さまでコンクリートで巻いて補強してあるのが、今でも見えるのですよ。

そういう中でやってきたのが、昭和四〇年の水害でした。

四〇年水害では自然災害（企業局＝「川に砂利がたまっているので、水かさが増して災害が起きた」）

中津道阿蘇宮下を流れる球磨川

中津道地区の住宅街

だとして、熊本県企業局は一切の補償をしませんでした。川に砂利が溜まったと企業局は言いますが、なぜ砂利が川に溜まったのか。荒瀬ダムができたことで川の流れが緩やかになり溜まるようになったのではないか。砂利が溜まるとダムの上流部で水かさが増して、洪水被害を受けるようになってきたのではないか。つまりダムに原因があるということです。この四〇年の大水害を契機として、川辺川ダムが計画されたのでした。

四〇年の水害は生家の屋根の上まで水がきて、泥とかがたくさん流れ込んできました。（写真を見せながら）これはおばの家で、私の生家より上にあったけど、戸袋なんか穴が開いているほどの被害だったんです。こんな状態でも、県は「私たちの責任ではないですよ。これは自然災害ですよ」という言い方をして、お見舞いも出せませんよという話になっていきました。このときは瀬戸石駅舎が流され、近くの丸尾商店という大きな店も流されるほどの大きな被害が球磨川全域で出ています。しかし、四〇年の被害にあった人たちは、自然災害ということで補償がないわけです。当然、皆が立ち上がりました。

その後、昭和五七（一九八二）年水害や守る会（荒瀬ダムの上流域を水害から守る会）などの運動もあり、宅地のかさ上げの話が平成七（一九九五）年から平成八（一九九六）年にかけてようやく出てきて、「浸水被害は一部ダムに原因がある」として、企業局の費用で宅地のかさ上げ工事補償が行われるようになりました。現在、かさ上げ費用は、ほぼ一〇〇パーセント、行政から出ています。

しかし、同一原因での昭和三八年、三九年、四〇年の浸水被害にもかかわらず、自分たちの生家を含む被害者は未補償のままほっとかれています。だけど、前の人たちも一〇分の一の評価額で済ませているのなら、後の人たちも一〇分の一にしなくちゃならないわけですよ。せめて、評価が変る原因をきちんと説明してくれれば納得もいきますが、変ったという説明も何もありません。県は未だに自分たちの責任は認めようとしないし、自然災害で押し通そうとしているのです。本当のことを言わないのです。

だから「未補償部分の補償を要求する」というのが、自分たちの考えなのです。公平に扱ってほしいというのが要望なのです。

こういう不公平なことがあったら、村がもめる原因となります。こんな環境にこの地域はずっと置かれてきているのです。ダムができたばかりに、地域の人の心が乱れる、村が二分されるのです。水害にあったとき、前は手伝いに駆けつけてくれたような関係が地区の中であったのに、こういう不公平な扱いをされたことで、「ああ、あの人たちばかり」「あいつらだけ貰って」という話にならざるを得ないのです。同じ要因で浸水被害を受けているのに、実際の扱いはこのように「複雑に絡み合って」います。

流域の人たちの生命と財産を守るためにダムを上流に作るということは「理解」はできますが、過去に私たちが体験してきたような不公平な補償のありかたがある以上、「ハイ、そうですか」と納得することはできません。また何か起きるのではないかと思わざるをえません。昭和三八年の最初の水害被害者の人たちも、年齢が七〇歳を超えていて、裁判とかの話にはもうならないのです。このままではあまりにも可哀相、ひどすぎると思います。行政の仕事はこんなものなのかと憤りを覚えます。

球磨川の管理責任者であり、ダム建設の許認可権限を持っている国土交通省も、ダムによる被害補償などに対しては責任があるのではないかと思います。何度か行政が地区に話にきましたが、事実を話してもらわないと解決にはならないのです。将来、いつの日にかこの地区に帰って生活するかもしれないけど、私は昔のように笑って生活できるような地区に戻してほしいと思います。そういう責任が行政にはあるんだということを指摘したいのです。

ダム設計の時点で、ここは洪水にあう「可能性がある」ということが予想される箇所については、設計の時点できちんと補償・移転のことなど、あるいは地役権（他人が所有する土地を、自分の土地の利便性を高めるために利用することができる権利のこと）の設定をして更地にするなど、地区住民に対して十分な説明をしておかないと、私の生まれた地区のように問題が複雑になるのではないかと思うのです。ダム管理者は、このような問題が生じないよう考えうる全ての方策を講じるべきではないでしょうか。

まあ、設計段階でそういう話がされたら、「ダム建設は良いですね」という人は誰もいなくなるでしょうけどね。実は設計の段階で私の生家や親戚の家は、床下・床上浸水の区域となっていることが後で分かったのです。そういう事実もあるのです。

ダムができる前は二回しか浸水被害を受けなかったのに、ダムができた後は、昭和三八年、三九年、四〇年と被害を受けて、雨が降ったら不安にならざるを得ないのです。

先ほど述べた「守る会」から、新たに「荒瀬ダムの水害を見直す会」という団体を結成して、チラシを作って配布したり、要請行動を行ったりしてきました。そのチラシで、「荒瀬ダム建設当時、県当局は平水面（海抜三二・五メートル）より一メートル高い三三・五メートルの位置までしか水位の上昇はないと説明しましたが、写真のように家屋への甚大な被害を受けました。荒瀬ダム計画洪水位は三七・五メートルの計画であったのを隠蔽していました」など、新たに分かったことなどを広く伝えてきました。しかし、どう私たちが主張しようと、県の企業局はダムとの因果関係を認めようとしないのです。五〇年間、本当に我々は地区も分断されてきたことも含めて、翻弄され続けてきました。

実は先に述べたように、昭和四〇年の水害補償の問題もあり、宅防工事はこの地区では中断しています。こんな狭い地区で住民を対立させてどうするんでしょう。罪作りですよ。どこかで間違いに気がついた人は、そこで改めないといけないのに、そのまま進めています。

バックウォーターをダムによる被害とよく言いますが、本川ではこれは言いません。バックウォーターとは、本川の水量増加により支流の水が吐けなくなり、水が逆流する状態のことを言います。荒瀬ダムと瀬戸石ダムのように、九キロメートルくらいしか離れてないダムが二つあれば、影響は大きいです。下流のダムが満水になれば、当然上のダムの水位や放流も影響を受けざるを得ない。そうすると、上流のダムの水位は上昇し、支流も含めてバックウォーター被害が出てくるのです。よくダム反対の集会などで発言するOさんの事例も、これは荒瀬ダムによる影響だと考えてもいいと思っています。国交省もそこは分かっているんじゃないでしょうか。

上流でダムが放流を行うと、「段波」という現象がおきます。つまり、上流から階段状に段のような波をつくって水が流れてくるという現象なんですが、段が大きくなれば、当然下流域の被害も増大します。ダムの操作規定も、問題があります。上流が満杯で放流しようにも、下流のダムがゲートを開けなければ、水位の低下はできません。発電目的のダムは、なかなか水門を開けようとしません。さらに、ダムの設計洪水流量(＊2)が、上流の瀬戸石ダムで六〇〇〇トン、下流の荒瀬ダムでは五八〇〇トンと設定されているのです。下流のダムのほうが規模は大きくなくてはいけないのに、球磨川の場合逆転しています。水理工学上おかしな事を五〇年間、専門家である熊本県企業局、建設省（当時）とも、無視し続けてダムが運用されているのです。

自分の水害体験と、その後の行政との交渉で自分はいろんなことを勉強してきました。ダムや河川のこと、あるいは昔の資料も集めています。半世紀にわたる私のこの体験は、ダムに翻弄され続けてきたゆえのものといえるでしょう。問題が起きたときに、あるいは設計の段階で、理を尽くして住民に説明する努力を行政がしていれば、と心から思っています。

（平成一九年九月九日、中津道阿蘇宮にて。聞き手は須藤久仁恵）

＊1　背水線補償：背水とは、構造物や洪水などの要因で本川の水位があがったために支流の水が吐けず、水が逆流してくることをいう。坂本村鎌瀬地区にあった谷川のそばに家が三軒建っていた。この三軒が荒瀬ダムによる背水被害を受けるということで、昭和二九（一九五四）年、荒瀬ダム建設前に一〇分の一の補償金が支払われた。後に鎌瀬方式と呼ばれた。ダムができ満水位は水没対象高（危険水位）として補償する。満水位から一メートルの高さまでの被害については、この背水線補償の概念に準じて補償を行おうというもの。

＊2　設計高水流量：計画規模を上回る規模の洪水に対してもダムの安全性を確保するため、ダムを設計する上で考慮する流量で、ダム地点で工学上発生すると考えられる最大規模の洪水流量。

荒瀬ダムの五〇年間はきつかった

●八代市坂本町・笹田繁則さん

八代市坂本町鎌瀬に住む笹田繁則さん（七三歳）は、妻・タミ子さん、息子・宏典《ひろふみ》さんの三人家族で、商店を経営している。鉄道運輸の仕事に就き、地元の肥薩線の鎌瀬駅や葉木駅で勤務していたが、ひとたび火事や水害などの災害が起これば、消防団・水防団の分団長として、仕事中でも夜中でも現場に駆けつけ、災害の拡大防止と被災者の救助活動に当たってきた。

鎌瀬地区は瀬戸石ダムと荒瀬ダムに挟まれた水害常襲地帯である。笹田さんの人生そのものとも言える水防団の活動について語ってもらった。

水防団の帽子を手にする笹田繁則さん

繁則さん　ここには九部落ありますが、どこか水害があれば水防団として出動しなければいけません。私が分団長をしていたころは、団員が七〇名いました。鎌瀬地区から瀬戸石地区までが対象です。水害の連絡があったら、一番に飛んでいかなければいけません。夜中でも単車で駆けつけます。会社に勤務中の時も、対岸が山火事となって、上司に断って駆けつけたこともあります。舟にポンプを積んで対岸まで渡っていったこともあります。線香会社が火事のときは、延焼を防ぐため、チェーンソーもない時代ですから、鋸で山の木を切ったこと

坂本町鎌瀬地区を流れる球磨川

笹田さんの自宅前の球磨川第一橋梁

があります。

水防の場合は、水が来そうなら見に回って、水の出所にくさびを被せたりしていました。

昭和二八（一九五三）年一二月一〇日、荒瀬ダムが貯水し始めた時は、祖母の墓を建てようとしていましたが、川の上から「この石が浸かる。この鎌瀬が浸かる」とずっと見ていた記憶があります。

昭和五七（一九八二）年七月二五日は床下浸水しました。平成一八（二〇〇六）年七月二二日の増水のときは、かさ上げした後だったので浸かりませんでした。

荒瀬ダムと瀬戸石ダムの連携（統合管理によるダム操作）はありません。球磨川にかかる肥薩線の球磨川第一橋梁の上まで水が来たのは昭和四〇（一九六五）年七月の水害です。瀬戸石駅の駅舎が流され、駅前にあった丸尾さんという人のお店も流されてしまいました。

水害の様子も写真にとっていますが、本当に危ない時は撮影できません。ある程度水が引かないと撮れないんですね。昭和五七年の水害では、家の家具を出そうとしていましたが、扉などは水に浸かっていますので、屋根や天井を破って家具を引き出そうとしていました。しかし家がバリバリ言い出したので、「出ろ（避難しろ）。危なかぞー！」という声が聞こえてきたので、私たちも屋根から出て逃げました。道

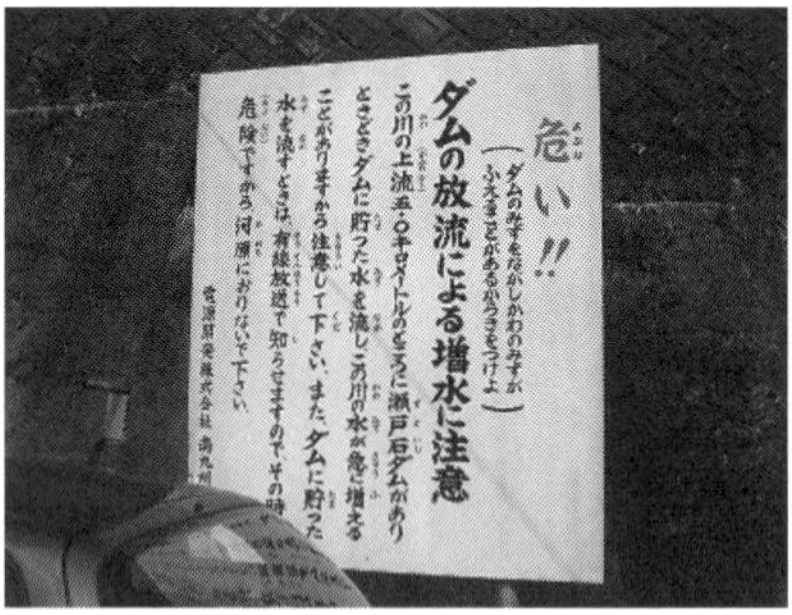

笹田さんの自宅近くの標識

も何もありません。全て水で浸かっていますから。ポンプの格納庫も流れました。ポンプだけは四、五人で引っ張って来たので大丈夫でした。あとは半鐘、ホースなど全て流されました。その家も、私たちが出たら流されてしまいました。道は通れないので山伝いに家に帰ったら、私の家も浸かっていました。しかし出動した後で、力尽きてしまっていたので、冷蔵庫を出そうとしても敷居の高さ三センチメートルも動かすことはできません。やっと抱えて家の外に出して、踏切まで持って行きました。その時の水の出方がひどかったんです。荒瀬ダムは水を出すのを止めました。瀬戸石ダムは水を出しました。だぶってしまうんです。だからここあたりは水が、バーッと来て浸かってしまうんです。五〇ccの単車を飛ばして、「荒瀬ダムの水を出せ」と言いに行ったら、七本のゲート全て開けてあったんです。それなら「もうしょんなかばい（しょうがない）」と言って帰りました。団員は「もうこれより水は減らんばい」と言って道具を全て出して、公民館で待機していました。この時、一〇軒ぐらい浸かりました。

この時は、ここから二～二・五キロメートル下流までは水が上がっていたんですよ。そこからもっと下流は水が引いているんです。ダムのゲートにも触らないぐらい開いている(水位が下がっている)んです。(高いところと低いところがあるというくらい) 水かさがおかしかったんです。ダムのゲートを開けても、ダム湖の水位が低くなるには時間がかかるし、下流のほうから水位は低くなりますが、上流部は水位が高い状態がしばらく続きます。国や県は「完全にゲートを開けているから、そういうことはない」と言っていました。でも「完全に浸かっているじゃないか。来て見てみろ」と言いました。明くる日、当時参議院議員だった寺本広作が見に来て、「おー、これは大変だったね」といいました（笑）。鉄道のトンネルからも水が出ていました。汽車は一週間ぐらい不通でした。ダムの開け方（放流の方法）も研究しないといけません。だから川辺川ダムは絶対作るなとこの辺の「荒瀬ダム上流地域を水害から守る会」では言っています。こちらの二の舞はもうしないようにしないといけないと思います。「荒瀬ダム上流地域を水害から守る会」とはこのへんの浸かるところ六〇人ばかりで作った会です。

タミ子さん　水が出る時は、子どもを連れていかなければならない、ばあちゃんを連れて行かなければならない、荷物を上げなければいけません。もう、どこかに直ろう（引越ししよう）かと話したこともあります。でも、直るにもお金がないといけません。ここで消防団の人にもご飯を食べさせたこともあります。もう二度とあんな目には遭いたくはありません。家の下が浸かったのが三回です。下の子が三歳か四歳くらいの時です。箪笥も流されないように上に上げました。本当に悲しいですね。ダムのせいでこうなりました。

上流から見た荒瀬ダム

繁則さん　ダムができてから何年か経ってから浸かるようになりました。道路の擁壁の崩れる音が聞こえてから、これは危ないと言って、それでさっきの会を作ったのです。一年に三回四回も浸かる家があります。だから水が少し出てきたら仕事には行くことができないのです。何もかも片付ける必要があるからです。ダムができる前は水がゆっくり上がってくると言うこともありません。私の母が言うには、ここに

笹田さんの自宅の水害痕跡（建物の下の変色している部分）

は三〇〇年前から人が住んでいますが、ダムができる前は、床下まで水が来たことは全然なかったということです。ダムができたばっかりに、こうなったと言ってました。

その証拠に、川には土砂がいっぱいたまっています。土砂ばっかりです。

宏典さん　昭和五七年の水害は私が高校生の時でした。八代の高校に行っていて、帰って来れなくなり大騒ぎしました。これが初めてでなく、小さい頃何回か水害に遭いました。昭和五七年の水害は特に水が上がった記憶があります。社会人になってからも何回かひどい水害に遭いました。去年（平成一八年）七月二一日か二二日に朝、水が出始めたという連絡と出動命令が出て、待機していました。

タミ子さん　夫が消防団で出て行った後の間が、大変です。

繁則さん　去年も川岳保育園が浸かりました。

宏典さん　去年の四月かさ上げ工事が始まりましたが、土地を上げるお金しか出ません。六五センチメートル上げました。何かの水害の基準でそれだけ上げれば浸からないということになっているようです。このあたりで二メートルかさ上げしているところは、自費でやっています。

繁則さん　自費もありますが、予算も大きかったのです。自分たちで家財道具を上に上げていましたが、浸かってないので見舞金は出ません。浸かったところは見舞金が何十万円か出ます。そういう差別があります。おにぎりなども他の家には出ますが、「ここは店だから」という理由で何も出ません。

タミ子さん　私は消防団員にも食べさせていたので、子どもの食べ物もありませんでした。しょうがないから自分の縁家（親戚）から食べ物をもらって食べさせていました。待機している消防団の食事は、おにぎりと漬物です。自分たちは食べないでも消防団にはやらなければ（食事を出さなければ）と思っていました。

繁則さん　村も県も飯の仕出しもせんとです。とにかく冷たかったですね。球磨川の水は冷たい、県のやることも冷たい（笑）。平成一八年の一月頃、熊本県の企業局の職員二名か三名がかさ上げの交渉に来ていました。私の家を見て回り、「そこ（笹田さんの店）は小屋ですね」。私が「どこが小屋ですか。あれが小屋ですか。商品も陳列しているし、お客さんも買いに来ます。あそこは店ですばい。看板も許可証もあります。あんたどんは何を見ているんですか。あんたどんは交渉が下手くそで進まん。できるものもできなくなる。あんたどんはやめなっせ」と言いました。それで直接潮谷義子県知事（当時）に手紙を出しましたところ、どんどん交渉が進むようになりました。潮谷知事のことは評価しています。ここは水害で二、三ヶ月営業できないので、隣の畑を借りて仮店舗を建てて、商売をしていました。

宏典さん　うちのお店は近所の人が買いに来るからやってます。年寄りが多いですから。

繁則さん　やっぱり、（荒瀬ダムができて）五〇年の間、きつかったばいな（きつい思いをしましたね）。雨が降る時、瀬戸石、荒瀬二つのダムがもっと早く水をあけて（放流して）ほしいと思います。テレビでは今度、何十ミリメートル雨が降るといっていますが、それを聞きながら水を貯めています。そして水が出だして始めて開け（放流し）ます。そして急には開けられないから、ボツボツ開けますから時間がかかります。だから早く開けろ（放流しろ）と言っています。

宏典さん　これまでは雨が降り始めたら、なかなか水が引きませんでした。しかしここ何年か雨が降ったら川の水位が減っているなと思います。今年も、長い雨が六月頃続きましたが、水位は下がっていました。このへんは増水していましたが、下流はちょっと増える程度でおさまっていました。荒瀬ダムもゲートを開けていました。川辺川ダムができて、あそこが満杯になって放流して、こっちも水が多かったらそれは大変です。これは何かおかしいなと思います。

タミ子さん　市房ダムを開けたから、あと何時間かしたら（水が）出てくるよという人もいます。

宏典さん　その頃このあたりも、雨がじゃんじゃん増えるでしょう。ダムから水は出すわ、回りの集まった雨が流れるわで、それは流れるところはないよねと思います。

繁則さん　県は、八〇年に一回しか水は出ないと言います。でも、それはどこの閻魔帳を繰って言っているんでしょうか（笑）。一〇〇年に一回とか一万年に一回とか（笑）。

タミ子さん　ダムができたせいで、蛍も全然おらんでしょう。全然見らん。鮎も取れんし、大分損しているなあと。

宏典さん　ここ数年、ちょっと雨が降ったばかりで川が濁ってくる。そしていつまでも透明にならないんですよ。川辺川の山のほうから流れてきて濁るんだと聞いています（穴の開いた砂防ダムが川辺川上流にできていて、その穴からたまった濁り水が出ていると、聞き取り者から補足説明）。

タミ子さん　球磨川の水は昔からきれいと聞いていたのに、今は濁っとると。

宏典さん　鉄橋が流されたら、線路沿いの家はどうなるだろうかと思います。ただ鉄橋のつなぎは簡単に切れないようです。

――八六センチメートルのかさ上げで、とりあえず安心ですか

宏典さん　安心ではないです。

――八〇メートルの高さはほしいですね（笑）。向こうがそう言っているんだから。この川沿いは危ない、八〇年に一回は死ぬよと言っているんですから。一〇メートル上げてもいいんじゃないですか。一〇〇年に一回（の洪水）だったら二〇メートルですね。そんな感じになりますね。去年は水害がたまたま土日でしたが、平日の昼間に発生したら帰って来れないし、仕事にいけない。うちなんかは県道一五八号線（中津道八代線）が陥没するから通勤できんですね。八代方面に通勤していますから、結構不便です。

――どれくらい高さほしいですか

宏典さん　八〇年に一回の洪水に対応するため一〇メートルの高さはほしいですね（笑）。向こう

このあたりの人はほとんど八代方面に勤めています。農家は全然ありません。坂本町内での勤務先は神田工業くらいしかありません。もし、以前のように一年に何度も水害があって、そのたびに二日間か三日間休んだら、「もう会社に来るな。八代の人間を雇う」と言われるでしょう。

本当にダムを造ってほしくないという気持ちがあります。作って利益が出ると言うなら別ですが。坂本町内でも荒瀬ダムより上流の人は結構反対と言う人が多いです。例えば役場周辺の人はそうですが、鮎帰、中谷の地区の人は関係ないといっています。洪水の時に浸からない人は関係ないから、ダムに反対とは言いません。関係ない人は、黒部ダムのような観光地みたいな感じがするんでしょう。饅頭でも売って観光地になるから収入が増えるぞと。

繁則さん　ダムができるとき、客が来るからということで三階建ての鶴の湯温泉ができました。一

年間ぐらいは観光客が来ました。発電所を見て堰堤を見て、遊覧船に乗って瀬戸石まで帰ってくるということをしていました。でもあとは、全然客が来ないです。来ても特産品もありません。特産品はグズグズ言うのばっかり（笑）。客はダムを見て面白いでしょうが、われわれはダムのせいでふてーめ(ひどい目)にあった。荒瀬ダムができたばっかりに、桜井三郎も寺本広作（荒瀬ダム・瀬戸石ダムができる前後の熊本県知事）も早う死にゃよかったいという気持ちでした。

宏典さん　台湾のダムを渇水期に見たことがあります。汚かったですね。台湾の人も、「こんなの本当はいらないんだけどね」と言ってました。

瀬戸石ダム

繁則さん　室原知幸が言うことが一番よかった、正解です。彼は蜂の巣城を作って何年も反対しました。しかし、とうとう負けてダムを作らせてしまいました。彼が言ったことが本当でした。「室原さんな、生き神さんだったばい」と、彼が死んだあと話しました。

宏典さん　川辺川ダム問題で漁業権が問題になったとき、漁業権を持ってる人は意見を言えますが、地域住民は意見を言えないんですね。何かあれは、おかしかったですよね。

繁則さん　漁協の組合員が保証金目当てで何十人と増えたことがありました。釣りにも行かない人が組合員になりました。球磨川の鮎が取れなくなりました。今年が一番取れないようです。漁協が鮎の放流を何万匹したと言っているがあれは、自分たちの腹に入れてしまったんでしょうか（笑）。

宏典さん　遥拝堰、荒瀬ダム、瀬戸石ダムが無くなれば自然遡上ができますよね。今後どうすべきかということでは、堤防やかさ上げじゃなくて、ダムが無かったらこれは必要のない工事だよということをもっと言いたい。自然な川に戻してほしいと言うことですね。

（平成一九年九月九日、八代市坂本町の笹田さんの自宅にて。聞き手は土森武友）

水害で家が崩壊しないか心配

●八代市坂本町・谷口修二さん

谷口修二さんの家は、荒瀬ダムの三キロメートル余り下流にあります。八代市坂本支所（旧坂本村役場）の約一キロメートル下流の右岸です。球磨川と、球磨川に沿った県道一五八号線に面しています。地形上、家は県道より四メートルほど高い所に建っています。そのため、坂本支所庁舎やＪＲ坂本駅がある集落を、眺望することができます。

坂本支所近くには坂本橋が架かっていますが、球磨川が蛇行しているため、橋の上流はわずかしか見えず、荒瀬ダムも視界に入りません。家の正面の球磨川はすばらしい景観で、対岸は草や木が生い茂っています。

すぐ下流に人吉高速道の建設工事のため取り付けられた中谷橋が、工事が終わった後もそのまま残してあります。この橋の下流も、球磨川が蛇行しているため、川の先は少ししか見えません。

谷口さん宅は、川が右に左に蛇行する水のあたる所（水衝部）の上にあり、荒瀬ダム建設以来、ダム放流の影響を受けることになりました。

私（修二さん）は今五一歳ですが、生まれた時からこの家にずっと住んでいます。うちと坂本支所の間で、油谷川が球磨川に注いでいます。油谷川は、注ぐ地点より一キロメートル上流に、かつて坂本製紙工場がありました。そこには今も、ある程度の戸数の集落があります。戸数にこだわるのは、

谷口さんの自宅前を流れる球磨川

谷口さんの自宅（右）と球磨川

私の家が他から少し離れていて一戸だけなので、家が受けた水害被害について、国土交通省が見向きもしないからです。

家の前の球磨川は、昔に比べ二メートルほど水位が下がりました。家のすぐ前の川中にある「え岩」といっている岩を目印にすると、そのように認められます。川底の高さは変わらないのにです。いつも川を見ているると、川の表情は毎年違うと思います。

このあたりは、アユの餌となる珪藻とラン藻が半々くらいです。珪藻だけを餌にするアユほどではありませんが、アユの質としては上質な方でしょう。アユの釣り方のひとつに、「ガッ釣り掛け」という二本の釣り針で、川底をはわせる釣り方がありますが、この釣り方はある程度魚影が濃くないとできません。アユが多い時は、家にいてアユの匂いがするほどでした。魚影が少なくなった今は、そういう釣り方もしなくなりました。自然は大事にしないと。自然の力にはかなわないですよ。

一〇年ほど前までは、六月一日のアユの解禁日になると、家の前の球磨川に、たくさんの釣り人が来て、その様子をテレビ局が季節の便りとして取材に来るほどでした。アユが減った今、釣り人は来ません。

昭和四〇（一九六五）年洪水の時は、油谷川が注ぐ地点がすりばちの底のような地形になっているため、そこの県道のガードレールの所

昭和 57 年の洪水の水位を示す谷口さん

まで水が来て県道が浸水しました。昭和五七（一九八二）年洪水の時は、前の年に縁側を増築していましたが、床上浸水し軒下まで水が来ました。こういう現象があったのに、国は、ダムを問題視しません。逃げる時は、道路（県道）は浸水しているので裏山に逃げます。県道は生活道路になっており、県道が浸水している時は、八代（旧八代市）の職場に行けません。行っても帰れないことがあり、それを考えて行動する必要があります。

荒瀬ダムの放流の量は、事後的には発表されますが、いつ、どれだけ放流したのかわからないです。放流の時、通報はあります。放流量を知りたいのは、放流量によって家具を二階に上げるかどうかを判断するためです。毎秒三〇〇〇トンくらいまでは上げない。毎秒五〇〇〇トンくらいから、放流の時は放送があります。荒瀬ダムには堆積物が貯まっているので、年々水位を上げておりそれがドッと放流される……。

大正一〇（一九二一）年に生まれ、平成一二（二〇〇〇）年に亡くなった母は、二〇年に一回ほど洪水があっていたが、ダムができてからは増水のスピードが早くなったと言っていました。

浸水しても、見舞金はなし。毛布、ブルーシート、薬の配給があるだけです。

洪水時、荒瀬ダムで放流されると、水は大門《おおかど》の所で左岸にぶつかり、合志野《おうしの》の所で右岸にぶつかり、坂本支所のやや上流で左岸にぶつかり、そのあと右岸の私の家のある所にまともにぶつかって来ます。川が私の家の所だけ曲がっているのではなく、上流で左に右にぶつかって来るので、ちょうど玉突き

完全に閉まらなくなったガラス戸

谷口さんの自宅の石垣の間にできた穴

のように水の勢いが強くなって来るのです。

平成一八（二〇〇六）年七月の洪水では、家の塀まで浸水しました。塀は、県道から四メートル余りの高さの石垣の上にあり、さらに八〇センチメートルの高さです。その時、家の床下から、水がボコボコと吹き出しました。障子の建て付けがガタピシするようになりました。何回も家と塀を支える石垣が強い水あたりを受けて、床下が空洞になった気配です。やがて家の重みに耐えられなくなって、家が崩壊するだろうと思うと不安でいっぱいです。

この洪水の後、球磨村渡地区の人たちと、県に対策を要請に行きました。

「くまがわ・明日の川づくり報告会」では、国交省は自分たちに都合のいいことしか言いません。国交省の言うことは、信用できないですね。荒瀬ダムは発電専用で治水ダムではないと言って、坂本村（当時）当局は耳を傾けない。合併で坂本村も八代市になって、ますます言いに行く所が遠ざかりました。

球磨川の川沿いに住んでいるから、荒瀬ダムには反対だが、山手の人は直接被害を受けないせいか、関心が薄いです。国、県、市に安心して暮らせるようにしてほしいと、切に思います。

（平成一九年九月二三日八代市坂本町の谷口さんの自宅にて。聞き手は赤木光代）

洪水で列車が動けなくなり、満員の乗客を民家に分宿してもらう

●八代市・加世田作嘉さん

八代―人吉間のＪＲ肥薩線は、八代駅を出ると、段、坂本、葉木、鎌瀬の各駅までは球磨川右岸を走るが、鎌瀬駅を出てすぐ球磨川第一橋梁（鉄橋）を渡り、左岸を走るようになります。右岸、左岸というのは、川の場合、上流から見て右か左かをいいます。鉄橋を渡って最初の駅は、瀬戸石です。

その後、海路、吉尾、白石、球泉洞、一勝地、那良口の各駅まで左岸を走り、球磨川第二橋梁で再び右岸を走り、渡、西人吉、人吉となります。明治時代、全国に張り巡らされた国鉄の線路は、外国人の技術者を招へいし、その指導で敷設されました。球磨川に沿った肥薩線も、綿密な地質調査の結果、右岸を走っていたのがいったん左岸に渡り、再び右岸を走るようになります。加世田さんは長く国鉄で働き、最後の二年間は瀬戸石駅長をつとめました。

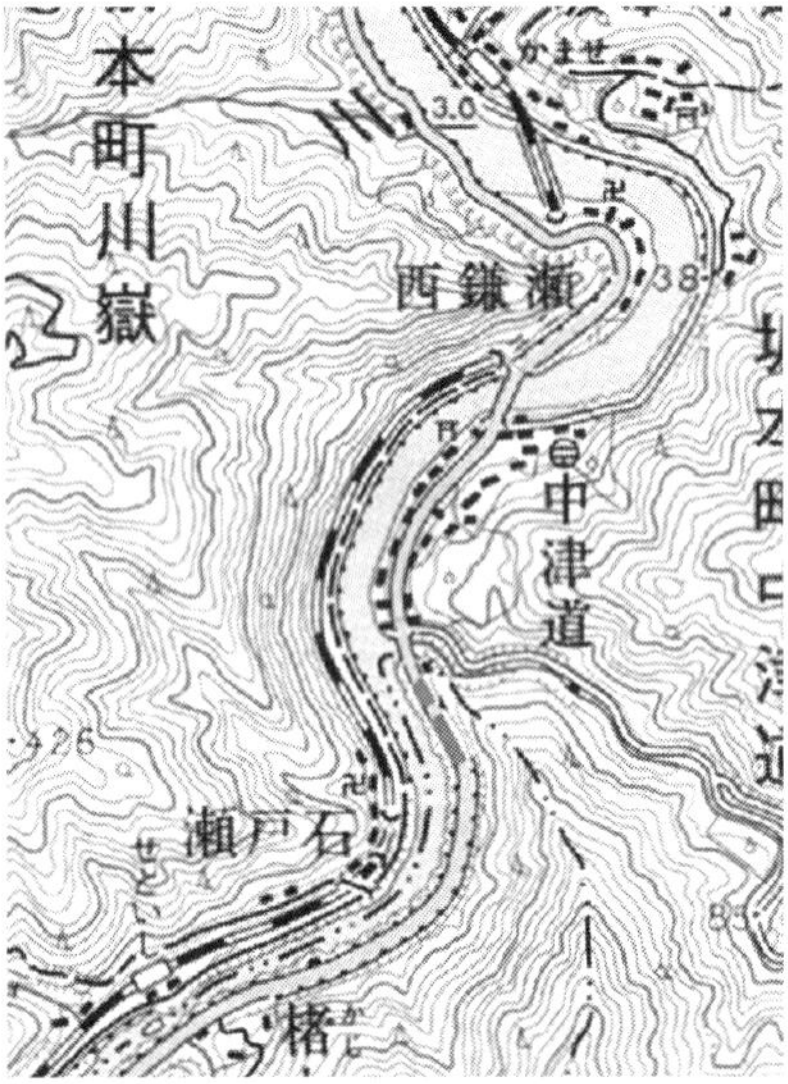

昭和一七（一九四二）年、国鉄に就職しました。技術課から鉄道公安の試験に通って鉄道公安に入り、昭和二一（一九四六）年から昭和五六（一九八一）年まで務めました。昭和五六年から二年間、瀬戸石

肥薩線のトンネル

現在のＪＲ肥薩線瀬戸石駅舎

駅長をつとめました。瀬戸石駅は、瀬戸石ダムの二キロメートルほど下流の球磨川沿いにあります。球磨川との間はわずかです。

一回目の洪水は、昭和五七（一九八二）年七月上旬です。山の方からの雨水で、列車が八代の方へ行けなくなりました。「くまがわ号」という特急列車が、瀬戸石駅で立ち往生したのです。満員の乗客を周辺の集落に、分散宿泊させてもらいました。「また来たい」と言われるほどその措置が好評だったのは、受け入れた民家のもてなしのせいでしょう。

同年同月の二二日、二回目の洪水が襲いました。同じ月に二回洪水があったことになります。瀬戸石駅では、助役がひとり勤務していて、八代の自宅にいた私の方に電話連絡がありました。私は葉木駅から、杉山という職員とともに、線路を歩いて瀬戸石駅に向かいました。

鎌瀬の球磨川第一橋梁を渡る時、線路に水しぶきが飛び散りました。橋を渡ると、すぐにトンネルがありますが、トンネル内は足首くらいまでの水位でした。トンネルを出ると、水はなかったけれども、足がぬかりました。途中の線路内には、魚が死んでいました。

瀬戸石駅の駅舎は、石炭ガラの上に建てられていたので、その石炭ガラがえぐれて、駅舎が傾き、崩壊しそうになっていました。

古老の人が話されたのには、瀬戸石ダムの水を早く放流してくれと頼んだのに、なかなか放流してもらえず、ダムが満水になり、ダムが危ない状態になって、いっぺんに放流されたそうです。線路の道床が流失し、駅近くの五、六軒の家も水害被害にあいました。雨量計が一〇〇〇ミリメートルを超えたのではないかと思います。

昭和五六（一九八一）年、線路のポイントの切り換えが手動から電動に変わりました。変わった途端に、その装置も洪水にやられました。

川沿いに家が並んでいたのですが、洪水被害にあい、八代や人吉方面に移転されたと聞いています。

（平成一九年九月二三日、加世田さんの自宅にて。聞き手は赤木光代）

坂本町大門地区の要望

平成一九年に国土交通省主催で開催された「くまがわ・明日の川づくり報告会」では、流域住民から水害対策に関する様々な要望が出された。ここでは九月五日、八代市坂本公民館で開催された「報告会」で八代市坂本町大門《おおかど》地区の住民から出された要望を紹介する。

1　大門地区の宅防工事促進について

昭和三〇年以来大門地区は、度々の洪水によって床上、床下浸水に見舞われてきました。被害を受けた家庭は七軒ありますが、その中で急激な増水で家財や仏壇まで流失し、命からがら逃れ、痛恨の思いをされた誠に気の毒なご家庭や、あまりにも辛い思いと不安で、祖先から預かった家屋や財産を残し、住み慣れた故郷に見切りを付け、八代方面へ転出を余儀なくされたり、あるいは多額の経費をかけ、かさ上げや修理をされたご家庭もあります。

上記のような現況にあって、坂本町内では河川地帯の拡張工事が多岐に亘って行われてきました。元々地面の比較的低いところの大幅なかさ上げ、あるいは道路の拡幅工事が現在も行われておりますが、工事内容によっては川幅が狭くなり、上流に位置する大門、藤本両地区

坂本町での「川づくり報告会」

荒瀬ダム下流の水制工

荒瀬ダム

にとりましては、洪水時、特に対岸の合志野《おうしの》地区の大型造成工事の影響で、水嵩がさらに上昇し、家屋浸水の被害が増大しはしないか、大変懸念され、不安が倍増しております。

ご公知の通り昨年（平成一八年）七月、大門地区は洪水による家屋浸水の被害増大が予測されましたので、今までに体験のない避難勧告まで発令され、避難せざるを得ない環境に変容しつつありますので、早期に宅防並びに水防対策の促進について特段のご高配を賜りますようお願い申し上げます。

只今申し上げたことに大いに関連がありますので参考までにお知らせしますと、平成一二年八月、大門、藤本両地区における道路及び防災に関する請願書を村長並びに議長へ提出しておりましたところ、同年九月村議会で採択された後、議長名で当時の建設大臣と熊本県知事へ意見書が提出されております。また、平成一五年四月に国土交通省八代河川国道事務所長、並びに熊本県八代地域振興局土木部長へ要望書が提出され、さらに、平成一六年一月に村長他、地元村会議員、地元住民九名にて、八代へ出向き、国土交通省八代河川国道事務所長に大門地区の実情を説明し、宅防工事につき要望しています。

2　荒瀬ダム下流の水制工撤去について

荒瀬ダム建設後、神田工業並びに五所神社裏の川に設置してあります水制工は地域住民の生活道路あるいは小学生の通学路（平成一五年三月まで）として利用されてきましたが、平成二二年度からの荒瀬ダム撤去に伴い不用物となり、水流の障害ともなりますので、洪水時の水の流れをより良くするため、除去して頂きますよう要望申し上げます。

以上、大門、藤本両地区の現況と経過について概要を申し述べましたが、実情をご賢察下さいまして地域住民の生活と安全並びに財産保護と避疎化防止を図って頂きますよう切にお願いいたします。

（本誌編集委員が傍聴し記録したものを住民自ら加筆修正したもの）

球磨川・山田川と私の人生　その一

●人吉市・Cさん

昭和四〇（一九六五）年の大水害は、人吉市民に多大な損害をもたらした。この水害をきっかけに川辺川ダムが計画された。しかし、人吉市民の間ではこの水害は市房ダムの放流が原因だと証言する水害被害者が沢山いる。Cさん（人吉市在住、女性、七五歳）もこの水害の被害者の一人だ。Cさんは水害時、夫と共に商店を経営していた。Cさんに水害の話や子どもの頃の話などを伺った。

――水害の状況をお聞かせ下さい。

うちは毎年浸かりました

――ずっとですか。

私が小さい頃から毎年水害に見舞われており、店頭の溝から水がプクプク吹き上がると水位が少しずつ上がってきて、時間的には急々に荷物を片付けなくとも、落ち着いてできていたんです。

――昭和四〇（一九六五）年の水害はどうでしたか。

あの時の水害はサイレンと同時に球磨川の水位が上がったそうで、山田川流域も急な水位の上昇で誰もが片付ける準備も何もできなかったと主人は言っていました。私は道路に水が出かかったので、子どもを連れて家に自動車で帰りました。車を水につけないように避難させたのです。この時の水位は一八〇センチメートルだったと思います。水位の跡がいつまでも消えなかったのを思い出します。

――以前の洪水では徐々に上がってきていたと?

はい、少しずつ上昇していったので、何でも片づけができたんです。これはどなたもそうおっしゃいます。毎年のことだから分かってるんです。物を上げている内に、自然に身についた感じで片付けていました。水の濁りも、いつまでも残るということはなかったんです。父の話では昭和一九（一九四四）年の山潮（山津波）の時は、山田川沿いにあった芳野旅館の三階建てが川をせき止める様にして倒れ、急激に水位が上昇し、誰も予想しなかった水害に見舞われました。このことを、父は「山の木を切り過ぎたから、このような山潮が出たんだ」と言って、山の雑木がいかに大切かを私に話してくれました。

――昭和一九年と昭和四〇年では、水害の状況はどうでしたか。

昭和一九年の時のサイレンは覚えてませんけど、昭和四〇年の時は朝四時頃サイレンと同時に球磨川流域の水位が上昇したと聞いています。支流である山田川流域も球磨川からの逆流で押し上げられ、その上昇した水は何時間か町内を流れ回ったと聞いています。

私は水が出始めた頃、子どもを自動車に乗せ、家へ避難しましたので、その水の早さは見ておりませんが、主人の話では何も片付け出さない内に水が出て、水の中を足探りでやっと中二階に上がったと言ってました。

——水害は朝だったんでしょうか？

私の知人はいつもの水害のつもりでサイレンを聞いても寝ていたのですが、背中が冷たくなって始めて気が付き、年寄りを連れ、着の身着のまま二階へ駆け上がったと言っていました。隣の友人は窓から屋根へ登ったとも言ってます。

食品店、洋品店、雑貨店など商店街の人たちは盆前で仕入れをしていたため、住民全員が急々の水位で大損害を受けています。

——そのときは球磨川が氾濫したんですか。それともこの山田川ですか。

球磨川からの押し上げだったんです。早く言えば、ダム放水で水量がはけ切れず、支流への押し上げではないでしょうか。

——サイレンは、規定通りに正確に鳴った訳ではないですね。

とにかくサイレンは鳴りっぱなしでした。

——サイレンとは別に誰か言って回ったとか、アナウンスしたとかは？

昭和四〇（一九六五）年の水害の時は記憶にありません。言って回ったのは聞いておりません。水の出方があまりにも早かったので、水害の翌日ぐらいから、主人たち男同士の話では市房ダムの放流を知らせるサイレンが鳴ってから水位の上昇があまりにも早かったので、疑問を皆さんが持ったらし

市房ダム

いです。聞いた話では、ダムの番人の方たちのミスで放水したのが遅かったための災害だったとの話でした。それも飲んでいて地鳴りがして始めて気付き、見に行った時には警戒水位を越えていて、慌てて放水したとのことです。父は、昭和一九年も四〇年の水害も人災であり、机の前だけの計算では計り知れぬものであり、天災を良く学ぶことが大事だと言ってました。

水害では、何もかんも浸かったんですけど、国からの補助はなかったと思います。赤十字からの見舞品と食事はいただきました。その後の水害の時には、市からの、借入金の利子または返済は半年先との保証はあった気がします。

――貸付ですか。

はい。

――（県営の市房）ダムの水門を開けて放流して水害になったなら、県から補助金の出らないかんとですばってんですね。

そぎゃんとは確かなかったですよ。水害後、両親と妹たちは私の住む住まいで生活しました。布団や衣類など一〇人分の洗濯物は親戚の家で水洗いして干すのは私の住まいの方でした。そういう生活を一ヶ月くらいしました。なにしろ雨天続きで着物の色が変わっていき、土にまみれたのはボロボロ

戦前の球磨川（水の手橋下流付近、Cさん提供）

昔、球磨川内で水を分けていたと伝えられる「左近の石」（人吉城内）

になったのを思い出します。また昔の写真や子どもたちの思い出等も無くした人も多いと思います。あの時は本当に皆さんにお世話になってました。

――人吉市下薩摩瀬地区の人たちは、サイレンには気付かんかったと言いよんなはったですけど……。

なんか水の出るのが早かったけん気付かん人が多かったかもしれません。

――この辺の山田川が球磨川に流れこんでるところは、ポンプはなかったですか。

現在九日町にはありますけど、当時のことは分かりません。昔の山田川は広くて水はきれいで、中の島があり、町内の運動会や子どもの遊び場として利用していましたが、現在は両岸に堤防ができて川幅が狭くなっております。おまけに砂利が溜まってますから水害時には水位が余計に上がりますよね。最近気付いたんですが、大水時には常に球磨川の押し上げで水位が上がってるように見受けます。

父の受け売りですが、水の手橋の下に大岩があり、それが球磨川の水を両方に分けて流す役目をしていたと聞いています。その石が引き揚げられた時、父は「昔の人が考えて大岩を置いて、水の流れを分け、中河原を助けていたのに。何事もなければよいが、机の前で考える者と水害を受けて考えた者との違いがいつか出てくる」と話しました。その答が現在の球磨川の姿だと思います。

昔は中河原には出店の飲み屋さん、公会堂、消防署や旅館、ダンスホールもありました。馬車引きさん達の休憩場所でもありました。毎年一〇月九日、青井神社の祭りに合わせてサーカスが来てました。祭りの時には、中州にお休みどころができ、人吉球磨の人たちもおくんち祭りを楽しみに、出かけて来てました。現在も花火大会はあっております。

戦前の球磨川（水の手橋上流付近、Cさん提供）

――中河原はこんなに広いのに、何もなかとがおかしかと思っていました。ご自身で人夫さんを雇って山田川の流れが良くなるようにされているということですよね

はい。山田川を見てもらえばわかります。明日も朝から草刈りをしてもらう予定です。建設省（当時）に聞いたら、草は自由に刈って下さいということでしたので、刈っております。草の中に木が何本も植わってます。私は、流れてきたものがどれだけ、引っかかるか見るために残しています（笑）。やっぱり観光都市であれば、川に目を向けて欲しいと思います。

――人吉の最大の魅力は美しい球磨川ですからね。

よそから、ここに来た人は「市の真ん中に、よくこんなに鳥がいますね。よかですね」って言います。水がきれいなら、鮎もおいしいですよ。川辺川で育った鮎がおいしいと言っています。川をきれいにすることが大事だということは、皆さん思っていることではないでしょうか。自分の得のためではありませんよね。

鳥が群れる山田川

――人吉市に比べ、四国の愛媛県大洲市などは、観光面から川に対して相当気遣っています。

人吉の観光については市の商店主の方々が観光協会を立ち上げていろいろ努力されています。

――人吉で一番大切なのは川、川の水ですよね。

そうですね。でも今は水が出ても、一日二日では濁りは取れません。

――上流の五家之荘の砂防ダムが大きな原因のようですね。球磨川だけでなく山田川もですか。

山田川については目の前で毎日散歩しながら眺めていますので、良く分かりますが、草木の丈が人の背丈より高くなり、水害時はゴミや土砂が草木に引っ掛かり、水害毎に悪循環をしていると思います。また、草の中に布団、自転車、扇風機、ゴミ袋など平気で捨てる人がいますが、草の陰で見えません。私たち気付いたもので引き揚げていましたが、手に負えない時は市の方へ電話連絡したこともあります。その度に市の職員の方も大変だったと思います。

私たちの小さい頃、家の前に溝川があり、きれいな水が流れておりました。朝からそこで顔を洗ったり、洗いものをしたり、子どもは水遊びをし、近くのうなぎ屋さんはカゴの中にうなぎを入れたものを溝川につけていましたよ。その頃は家の前の川にはメダカ、ドグラ、小エビ、シビン（シビンチャ）等がおり、川底はきれいな砂地でした。またその川には石橋があったように思います。いつからとは覚えていませんが、コンクリートの橋になってからは本当の溝になりました。


――「シビンチャ」はタナゴのことですね。昔の川は魚が多かったですか。

山田川はもとより、子どもの頃から球磨川に入れば足に魚が触るのが分かるんですね。父の青年時代は夜鮎のつかみ取り（眠っている鮎を取る漁のこと）に行き、大水が出たら大網を持って「にごりすくい」（増水時に激流を避けて澱みに集まる魚を取る漁のこと）に行ってたそうです。


――ところで、水害対策としてやって欲しいことってありますか。それとも今の状態でいいですか。

先にも申し上げた通り、土砂の川への流れ込みは川床を上げています。それにつれて道も上がっていきます。また昔話になりますが、球磨川には砂利採取船が水の手橋上流で年中砂利を取っていたことを覚えています。水の手橋と鉄橋との間です。スケッチ大会の時、城内から五日町、九日町方面の絵を書いたことがありますが、散歩道路から上の石垣はずいぶんな高さがあったように記憶しています。それで球磨川も堤防ができた分だけ、川幅が狭くなったことになりますね。あ、それから各家庭

堤防が整備された現在の人吉市内の球磨川

から球磨川に降りる階段が付いていましたよ。洗濯機がない時代ですから、皆川で洗ってましたね。昔に返して欲しいと言うのはできない相談でしょうが、砂利を取り去れば川床が下がることは間違いないと思います（もちろん川幅も広くする）。

——砂利とかを除けばそれだけ川は流れるから、水害には遭わないだろうということですか。

昔の水害みたいに徐々に来るぐらいの水害ならある意味、面白いですね。現在市内でひどい目にあってないから言えることですけど、昭和四〇年みたいに一気に水位が上がるのは嫌ですね。その時の水位を思うとドキッとします。昨年の水害時、近くの堤防を、もう少しで越えるところでしたよ。それも球磨川の押し上げ水です。水害には必ずおまけが付きますよね。昔の石の美しさ、川床の美しさを現在、球磨川下りをする人は知らないでしょうけど、その美しさを知ってる人は球磨川べりの石がヘドロで汚れてしまうのを悲しんでいるのではないでしょうか。

——では、昔みたいな大水程度の出水は一つの自然現象として受け止めるということですか?

市房ダムの放水だけで大水の心配をしていますが、これ以上堤防を上げるのは嫌ですね。いらないと思います。

――下薩摩瀬地区の人は「ダムが無かなら堤防はいらん」と言っています。山に木を植林して保水できる山々にし、川床を下げたら、水位も下がるし、水も出ないんじゃないですか。山をいじればいじる程、人間にお返しが来るんじゃないですか。

――前は水がじわっと来ることは知った上で生活していたということですね。

山や自然を壊すことは良いことではありません。庭の築山作りと違いますからね。

――昔は人の生活と川がものすごく近かったですよね。このごろはみんな、なかなか川に近づけないし、藪こぎしないと行けませんでしょ。何とかせんといかんですね。

確かにそうですね（笑）。

（平成一九年九月一五日、人吉市内のCさんの自宅にて。聞き手は中島康、土森武友）

球磨川・山田川と私の人生　その二

●人吉市・Dさん

昭和四〇（一九六五）年の水害は人吉市内の中心部の商店街も直撃した。生活の手段を奪われた人にとって、水害は一時的な恐怖の対象だけではなく、その後の人生までも狂わすものでもあった。しかし、球磨川そのものに対する思いは、子どもの頃の記憶がそのまま残っている。Dさん（人吉市在住、男性）も人吉市内で商店を経営している。Dさんにも水害や川の思い出を語ってもらった。

――これまでの水害や治水対策についてご意見を聞かせてください。

まあ、市房ダムのことについては、なかなか私たちは話に不安な点があります。ただ市房ダムが昭和四〇年の水害の真の原因かどうかは分かりません。皆さん（ダム反対派の人々）が却って詳しいのではないかと思います。ちょっと時代が変わりましたが、道路の地面から、近くの電柱の高さで約二メートル近く（水位が）来たんじゃないかなと思います。向こう側に焼き鳥屋さんができていますが、あそこの境の小さな電信電話局の電柱に、多分(水位の)印があります。大体私たちの背丈より上に(水が）来たんじゃないかな。その当時、家の内部はほとんど全部駄目になりました。水害被害を受けると、何年か、期限は忘れましたが、自分の払う税金が安くなるということはあります。私の家は、一〇〇年以上、商業を続けていますが、水害にあってからなかなか利益を上げることができませんでした。当時まだお店が、そこの道路のすぐ近くまでありました。奥の方に引っ込めて一六年ぐらいになります。当時は旧式な店舗でした。

——昭和四〇年以前の水害はどうでした?

昭和四〇年以前も水害はありました。昭和一九(一九四四)年夏ですか。この年はですね、大した水害ではありませんでした。しかし、山潮と呼ばれていたんですが山が崩れて、ズドーッと来る。一度、ここが地面だった頃、股くらいの高さまで来ました。私たちが中学生の頃でしたけれども、水害になったので帰ってくれといわれて、みんな下校しました。そこの橋(現在のいすず橋)のあたりから、こちらにきたら、当時の体格で、これぐらいあった(五〇～六〇センチメートル)。いったん帰ったら、すぐに水は引き始めました。きれいに引いてしまったので、僕らは山田橋あたりで、川の中の魚を見ながら遊んでいました。そしたら「山潮が来るから危ない」という予告がありました。一〇分か、一五分くらいしたら来るかもしれんということでした。そうしたら、案の定、みるみるうちに真っ黒い、それこそ土をかき混ぜたような、泥水がやって来たんです。その水量は、それほど多くなかったんですけれども、約五〇センチメートルくらいまで来ましたかね。その後、増水しませんでしたが、その後に残った土がひどかったですね。滞積した泥が二五センチメートルくらいありました。

翌日から町の人々は泥の処分に苦慮しました。家の中に滞積している泥をそれぞれ戸外の道路に運び出し、雪国で見る盛った雪のように積み上げました。家の奥まった所で、すぐにかき出すことができなかった泥は、そのまま残しました。後々に固くなってから、私のところでは、祖父が「庭山を作ろうかね」と言って、その土を盛り上げたことがありました。

私たちの小さい頃には、球磨川が増水すると、山田川が淀んで、逆流して、側溝から水が噴き出すというのが、年に一度くらいあっていたような気がします。

――昭和四〇年の水害というのは、今までのものとは全く違ったんですかね。

それはもう、第一に水の量が違いましたからね。昭和一九年の水害の時より、ひどいものでした。当時の堤防は蛇籠《じゃかご》やちょっとした石垣みたいなものに、大きな木が生えていた程度だったので、相当やられました。

現在の二条橋、三条橋のところでは、莫大な流木が橋に引っ掛かり、それが水量の力をさえぎって、両端を洗うようになり、結果的には周辺の家屋まで流してしまいました。それより下流の球磨川の打ち出しにある頑丈なコンクリートの出町橋両岸はもっとひどい被害が出て、大きな旅館と数軒の家屋が流出しました。そして球磨川との合流地点の山田川の幅は倍に広くなりました。

今思うに、昔の川はなかなか情緒があって、いい流れだったんです。川端に料理屋さんなど並んでいました。私たちは結構、そこらで水遊びをしたり、魚を取ったりしていました。各家屋が石垣の上に建っていて、各家からは川へ下りていく階段が石垣の中に作ってありました。これが水害の時に、石垣が崩れたことの始まりではなかったかと思います。この石垣は新しく設けたわけでなく、相当年数以前から設けていたんですね。球磨川に面した鍋屋旅館のところでも、各家庭から川に下りる階段の道が数箇所ありました。この辺は、新しい堤防ができたので、現在はありません。

――その道は、川で洗濯とか魚を取ったりとか生活のためにあったのですか。

そうですね、そういうことをするために、各家庭から降り場を作っていました。それと、昔は必ず、川下りの舟が旅館の下から出ていたのを私たちもよく見ました。

——じゃあ、昭和四〇年というのは上流の雨量が凄かったんですかね。

何しろ、目がさめたときは、水位が上がって間に合わないみたいだったようです。

——増水が早かったんですか。

早かったですね。夜が明けたら、満杯でした。とにかく、水の流れが早かったです。二階からもその流れが、すぐ目の下に見えたくらいです。

——なるほどね。さっき、市房ダムが心配だとおっしゃったのは水の出方の問題ですか。

ダムの放水と水の量が原因だという噂がすぐに出ましたが、私たちはそれまで市房ダムを見たこともなかったですから、どういう風なダムができてるんかなと思いました。そして水門を開くと相当の水が流れるのだなと考えたものです。

——それは、噂ですね。

私たちが聞いたのは噂です。そのあと、いろんな解釈の発表があったのですが、ダムが原因ということは分かりませんでした。増水したときにダムが持ちこたえられずに放水したのか、はっきり資料が残っているんでしょうけども、それが本当かどうかはっきり分からないような感じでした。私たちも半信半疑で、ダムはともかくとして、ここに水が来ないようにということで、地元出身の市会議員に水害対策をお願いしました。その議員の働きによるものかどうかは知りませんが、内水排水の設備や護岸堤防の工事が盛んにされました。それからこちらは、水害といっても、それほどのものは起こっていません。

——昭和五七（一九八二）年はどうでしたか。

案外、増水があったときですね。あのときはちょっと心配になりましたが、とにかく球磨川を見たいと思って、九日町の道路の上に立った時は、川の水位が見えました。

——記録からすると、この時が一番流れています。毎秒五四〇〇トンぐらい。

それはもう、昭和四〇年の水害と比べると、しっかり把握できませんけど、あのときの水量は大したもんですよね。こちらの商店街に水は入って来なかったもんですから、心配はそれほどありませんでした。

——浸からなかったですね。

全然、浸からなかった。

——それでも、流量は昭和四〇年よりも多かったんですよね。

昔は人吉が浸水して、淀みを作って球磨川に流れてたでしょう。ですから、球磨村の一勝地あたりは、当時は大して増水しませんでしたが、最近は、あちらの方が心配しています。

――あちこち、遊水しながら流れていたのが、今はそのまま流れるようになった。でも人吉市自体は、昭和四〇年に比べたら随分安心できるようになったということですね。

大橋を超えるようになるともうこっちに来る。大橋がヒタヒタすると（水に浸かりそうになると）、今のパラペット（コンクリート壁の堤防）を越えて来るんじゃないかなという予感はしていました。いつも球磨川の大橋を見ながら、「橋の上まで、まだ一メートルあるな」と思って自分ながら水量を見定めていました。

人吉市内を流れる球磨川

――昭和五七年の時は、横の堤防までちょっとあったということですかね（堤防の上までは水位の余裕があった）。昭和四〇年当時に比べたら護岸工事は相当進んだわけですね。

まあ、昭和四〇年の水害に比べたら、大きな水害は全くなかったですね。上の方から水が出ても、水門をピシャッと閉じる。その代り、九日町の角の排水場で、ドンドン水をなくすようにしています。昔はこちらに降った雨が直接流れていくので、町内の下のほうは大変ですよね。新温泉あたりは、しょっちゅう心配されています。昔は低いところにあったものですから水害があったのは事実です。

――下薩摩瀬地区あたりですかね。あのへんの人たちも堤防をあと五

○センチメートル上げれば何の心配もないと言ってますよね。

私たちも、パラペットを越えて来ない限り、大丈夫と思います。内水排除の機械（ポンプ）が一度故障したことがあります。それで、いつも水害の時期がくると、内水排除の機械は大丈夫ですかと市に聞いていています。そこには常駐するような人がいなくて、民間の人が二名しかいないので。今はどうか知りませんが、担当の消防団の人たちで、機械に詳しい人が見ています。ここらあたりの人だと、自分の家が心配になるので、自宅は別の地区の人が機械を見ています。

――この辺では、今からどういう事に注意するべきでしょうか。

あのパラペットがあるから、今はもう水害はあるんだろうかと思います。もし水害があるんなら、川辺川ダムがいるのかなと思います。

――ダムの操作がうまくいけばいいんですが、市房ダムの操作を間違えてドンと流したという、噂もありますもんね。

満水をこらえてこらえて、どこか知らない山が壊れたり、その水門が破壊されたりしたら堪ったもんじゃない（笑）。

――多目的ダムというのは、そこが弱みです。治水分だけの水を空っぽにしたとしても、それ以外の分は空にはできないものですから。ダムを完全に空にして大雨を待つということができません。

川辺川ダムができると、市房ダムも近くにあるので、雨が降ると一緒じゃないかと思います。

——素人の考えからするなら、市房ダムが一杯なら川辺川ダムも一杯になってるだろうと思います。そして一緒に放水すればどうなるだろうかと。

それはそうですね。（略）やはり球磨川が汚くなったら何にもならないと思います。ほんとにもう、私たちが小さい頃と比べたら、水の量が減っているということは肌で感じています。

——水の量は減ってますか。

減ってますよ。私たちは少年期は年中、球磨川にいましたから分かります。鮎も一一月ごろまでいました。矛を持って潜っていました。時々、水量が少なくなると、ヤマを張って、人吉城の石垣の根元あたりに行きます。するとそこには水溜りができていて、逃げ場を失った鮎がいるんですね。近所の友達と二人で、鮎を二〇匹くらい取った思い出があります（笑）。スッポンも泳いでいましたから、取って鰻屋さんに売りに行ったこともあります。

——やっぱり、水が減っていますか。皆さん、そうおっしゃいますもんね。

中川原の向こう側も常時流れていました。中学生時代には、どんなに水量が減っても、矛などを杖にしないと渡れないくらいの水量がありました。ちょっとした水が出たら危ないくらいでした。今の大橋というのは、中川原から向こうは小俣橋といいまして、だいたい手前の橋を渡り終えたら、中川原におります。中川原には旅館や民家、私の小さい頃は警察の寮もありました。武徳館という武道館もありました。

山田川

中川原

――中川原に何もなくなったのはいつですか。

消防署が撤退するときに、旅館なども移ったのが最後だと思います。

――昔は中川原が、水に浸かることはなかった訳ですね。

なかったんでしょうね。

――昭和一九年に山田川が溢れて、その後昭和四〇年までは、水害はほとんどなかったということでしょうか。

大きな水害はなかったと思います。せいぜい床下ぐらいが浸かる程度ですね。

――そのころの水害は、球磨川が溢れて起こったんでしょうか、それともさっきの話にもあったように山田川が溢れたことによって起こったんでしょうか。

球磨川が溢れないかぎり、あまり被害は大きくなかったと思います。球磨川が増水すると、山田川が溢れていたと思います。球磨川の水が出ないと山田川は流れます。

――球磨川が堤防を越えて溢れたというのは、昭和四〇年以前はそんなになかった訳ですね。

堤防というのはなかったんですよ。民家や旅館なんかの石垣があるだけです。球磨川の水が増水すると、道路に水が直接スーッと来るような感じです。この道路を真っ直ぐ、そのまま流れていく感じですね。

――昔は川に下りていくのも楽ですね。

そりゃもう、旅館のお客さんなど、夕方散歩する人で一杯でした。散歩に出て、魚釣りしようと張り切っている人がいました（笑）。散歩道路の下は川も深いですから。球磨川の真ん中のところには瀬がありました。私たちが中学生になると、そこまで泳いで下れないと一人前じゃないということでした。中川原の位置も変わりました。

――羨ましいですね。

中学生の時は、家からパンツひとつで川に泳ぎに行ってました。私は恥ずかしかったので、着替えてちょっと上に服を引っ掛けて出かけ、その服を鍋屋さんの石垣の中に詰め込んで、だんだん上流に行って、鉄橋の下流あたりの一番深いところで泳いでいました。

――ということは今はかなり水が減っているんですね。

昔は水上飛行機も降りていましたから。私が小学校の一年の頃、乗りたいと思っていましたら、祖父が「行ってこい」というので、私のおばと一緒に鉄橋の下まで行ったんですね。そこには渡し舟がありまして、それに乗って鉄橋の真下に行ったら、そこに水上飛行機が来ていました。水の手橋のところから降りてきて、鉄橋のところまで来て、お客さんを乗せて遊覧するのです（笑）。昭和一四年前後の話です。

人吉城付近の球磨川

――球磨川に、それだけ人が沢山来てたんですね。観光客が多かったんじゃないですか。

私が一番不思議に思うのが、温泉の湯の量があんまり豊富じゃないでしょ。だから、外部資本の旅館もほとんどないですもんね。昔から鍋屋（鍋屋旅館のこと）さんが一番大きいですね。鍋屋さんは一五〇年程前からあります。昭和三〇年頃から旅館が増えました。

――今日はありがとうございました。

（平成一九年九月一五日、人吉市内のDさんの商店にて。聞き手は中島康、土森武友）

「ダムが無ければ、堤防はいらん」　昭和四〇年水害被害者鼎談

●人吉市・段村一美さん、蓑田光男さん、前村シヅエさん

昭和四〇（一九六五）年の水害で甚大な被害を受けた人吉市。その時の水害の被害にあった人吉市民は今もなお、その恐怖を語り継いでいる。人吉市下薩摩瀬地区で昭和四〇年の水害にあった三名の方に集まってもらい、当時の状況について語ってもらった。

――お忙しいところすみません。昭和四〇（一九六五）年の水害状況とか、それを経験された結果、洪水についてどのように考えておられるのか聞かせてください。

蓑田光男さん　ダムなんかのこともですか。

――ダムだけにこだわることじゃなかですばってん、あそこはこうしようとか言うこともですね。

蓑田　大体ほんとを言えば、球磨川は広くしたんですよ。ばってん球磨村渡地区から先は、そのまま（川は狭い）です。誰がみても、下ばつむれば（下流が小さくなれば）こっち（上流）があかんこつは分かるでしょう。これが（写真を示して）昭和四〇年の七月三日です。水が引いた時で腰くらいまで、さっきの家の外の水位の跡位迄、来ました。なんで、またダムば作るって言いよっとですかね。また水害に遭わせるつもりで言いよっとですかね。地元はいらんって言いよっとに。

前村シヅエさん　減反減反って言うてなあ。

蓑田　ダムは、作れば電気は起こすでしょう。電気ば大事にするもんですけん、いつまでも落とさんちおっとですよ(ダムに水を貯めたままにしておくこと)。下流のことは考えんでしょ。そしてドッと開けたとが昭和四〇年の水害でしょ。私どもに言わせれば、下のダム（荒瀬、瀬戸石両ダム）も市房ダムもなくしてしまった方がよかってですよ。

――市房ダムができる前と昭和四〇年の水害とは、どう違うとですか。

蓑田　昭和四〇年の水害は、こんなに（水が）来てるんですよ。ここは人間の背は立たんでした。ダムが放流したことは分かっとっとですよ。

――では昔（昭和四〇年以前）も浸かりはしよったってですね。

蓑田　水が床上に上がることはなかったです。

――この辺は何地区ですか。

前村　ここは人吉市下薩摩瀬です。四八六番地です。ここには堤防の低いのを作ってありましたが、それを越えて来たんですから。

――(水が来たのは）朝だったでしょ。放送か何かあったんですか。

前村　いいえ、いきなりでした。だから、びっくりしましたです。

蓑田　そんときはもう浸水しとったですもん。勢いがダーっと来るでしょうが。豚小屋は流れて来

昭和 40 年水害の水位を示す前村さん

下薩摩瀬地区の住宅街

るでしょうが。なんであぎゃんことが起こったっか分からんとです。とにかく初めてです、ああいうのは。

——そんなら、昭和四〇年の水害は、今まで経験したことのない水の増加だったたっですね。

前村、蓑田　そうですたい。

——この辺では、畳を上げることはその前にはなかったのですね。

前村　はい。そん後、二回目の時は（床上）一二センチでした。

蓑田　昭和四〇年の後は昭和五七（一九八二）年だったろ。先に言ったように、川幅を広くしたんですよ。ところが広くしても川は元のように戻ってしまうんですよ。埋まってしまうんですよ。ＪＲ肥薩線のトンネルのところ、あれから下は前のままですもん。ひょうたんと同じことですたい。こっちは鉄道、一方は県道、あれを無くせばなんとかなるでしょうが。

——だけん、ダムがいるって国交省は言うとですか。

蓑田　ダムが貯めておいた水の（放流で）下がどうなるのか分かっ

昭和40年の水害の写真（左右、前村さん提供）

とらんですもん。今、国は金が無かっでしょ。金がなくなれば、事業はストップしていいのにですね。

――今、熊本県は三〇〇億円以上の借金があるんですよ。これにダムを造ればすぐ五〇〇億円以上になるんですよ。

段村一美さん　金がないなら、国民から出さなければしょうがないですからね。出さん方がよかですばってん。

前村　今でも田んぼの金はまだ出しよっとですよ。米は作ってないにもかかわらずです。

――段村さんは昭和四〇年の水害の時からずっとここですか。

段村　はい。家を作ったばかりでした。水はその時、ここ（床）から三〇センチメートル上がったんです。その上がり方が違うんです。異常なんです。今迄ここら辺が浸かることは親父（当時八四歳）からも話にも聞かんかったですし、それ迄は庭先にチャラチャラ来るくらいですね。それでその時、私は寝てたんですよ。家内が「なんさま、近所の人たちが騒動しよんなさっばい、水が出るちゅうて（とにかく近所の人が水が出ると言って騒動していらっしゃいます）。加勢に行って下さい」て言うので、「そぎゃんこつあっか（そんなことがあるか）」って言って私は寝てたんですよ。ばってん二、三分も経たんですよね。「とにかく起きなはい」って言うて私を起こしに来たんですよ。で、起きださんうちに畳が浮き出したっです。家内が起こしに来て一〇分も経っとらんですよ。それで五〇センチメートル位増えました。畳が浮くということは、自然の雨がいくら降っても、あんなに急に増えることはありません。それでやっぱりダムが落とした（放流した）としか思えません。それからもう、よその方どころではありません。自分の家の品物ば上げようと思いましたが、慌てて上げたのは草履だけで、荷物らしい物は片付ける暇なんてありはしませんでした。

——ということは、今迄そんな水の増え方っていうのは？

段村　初めてです。年寄りなんかも含めて今迄、初めてのことです。

蓑田　今度は引く時になったら早かった。来るのも早かばってん、引くのも早かった。今までの普通の水害は、雨が降って次の日ぐらいからバーっと出て、自然に引いていくものです。水が急に出て、急に引くのはダムですもん。

下薩摩瀬地区を流れる球磨川

——昭和四〇年の水害はやっぱりダム以外には考えられませんか。

段村　はい。私はダム以外には考えられんです。

蓑田　おそらく、人吉市街地で水害に遭った人で、ダムを作ると言うもんはおらんですよ。昭和四〇年の水害は市房ダムができて、水が

市房ダム

溜まったから放流したんですよ。あんな急に水害になるはずはないんですから。

段村　瀬戸石の駅なんかも、あの下のダムができてからですから。駅前など、家が十何軒あったんです。もともと大丈夫だから、あのへんに家ができていたはずですからね。それがダムできてからですよ、あぎゃん（あんな）大水害に遭ったのは。私はダムができて栄えたところはないと思ってます。

前村　何と言ってもダムはいかん。ダムには反対な。

蓑田　ダムの放流、あれが一番いけん。

――水害にあって、なんか見舞金などの金は出たんですか。行政から補償とか。

前村　なんも来まっせん。ああ、町内会長の方には、おにぎりが来たんですよ。それでうちには来ないんですから。

――球磨川という川は、昔から結構よく水の出る川ではあったんですね。ところで、普通の時、今の球磨川と昔のそれと比べると今の方が水は少ないですか。

段村　少ないです。もう半分もないです。私共が子どものころは結構ありましたですよ。山の経験のある人が、「あと三、四年したら、大水害がある」って言ってました。今、山は切って植林しようとですよ。今、切った木の根が腐るのにあと三、四年かかるそうですたい。で、「三、四年したら山崩れが起きて、大水害がある」て言うんですよ。ダムどころではないんですよ。「山を大切にしなければいけないんですよ」と。

――では、球磨川をどうしたら良いですかね。もう少し安全にするためには何とかして欲しいものはありますか。

段村　私はもう少し、堤防をあげれば、もう何も起こらないと思いますばってんね。

蓑田　ばってん、またダムを作れば同じことです。おそらく（堤防を）一〇メートルあげても……。

――この辺でダムが必要だっていう人はいますか。

蓑田　水害に遭った者なら皆がもう一〇〇パーセント（おらんです）。水害に遭ってみなければ分からないんですよ。

――さっきおっしゃったように、堤防をあと一五〇センチメートル上げればもうほとんど安心だということは大事ですね。堤防をあと一五〇センチメートル上げるほうが、ダムを作るよりかは安かですもんね。

前村　上げんでもよかです。そんまま。今、けっこう良いんですよ。下から頑丈にしてもらえば。

球磨川を前にして説明する前村さん

段村　上げなければ上げなくてもいいんです。私はダムが全然ないなら、こんままでよか。ダムがあるからこそ堤防を作らなければならないと。ダムがないなら堤防も何もいらん。昔のままでいいです。

――「ダムのあるけん堤防ば造らにゃならん」とは言い得てますね。「ダムが無ければ堤防はいらん」、名キャッチフレーズですね。

前村　では、今度は球磨川を見ましょう。

――はい。

（平成一九年九月一五日、人吉市の段村さんの自宅にて。聞き手は中島康、土森武友）

「八代にダムはいらん」 住民が暴く国土交通省のウソ

●八代市・満田隆二さん

満田隆二さんは、昭和四〇（一九六五）年球磨川の洪水により、渡町《わたしまち》にあった家を流失させました。今は、八代市迎町に移転しています。国土交通省がいうような、萩原堤防は危険、萩原堤防は対岸の犠牲により守られたということに、反論しています。以下は、満田さんの話です。

平成一九（二〇〇七）年八月二〇日、八代公民館であった「くまがわ・明日の川づくり報告会」（以下、報告会という）で、八代の治水について国交省が事実と異なる説明をしたので、それについて申し述べたいと思います。

八代では、江戸期の宝暦五（一七五五）年、「瀬戸石崩れ」といわれる大災害がありました。瀬戸石あたりで、球磨川左岸の芦北側の瀬戸石山が長雨によって大規模に崩れ、直後、右岸の坂本側の樁《かじ》木山《きさん》も崩れ、両側から大量の土砂が球磨川になだれ込み、川を堰止めました。やがてこの天然のダムが決壊し、一気に大量の水が流れ、大災害をもたらしました。しかし、萩原堤防は直ちに修復されました。それ以来、萩原堤防は、約二五〇年間決壊したことはありません。

昭和四〇（一九六五）年当時、現在球磨川河川敷スポーツ公園（以下スポーツ公園）となっている河川敷に私の家はありました。「瀬戸石崩れ」で出現した広大な河原に、幾度かの洪水で砂が堆積し泥が沈んだ後に発達した集落であり、今の新萩原橋の五〇メートルほど下流の旧萩原橋が架かってい

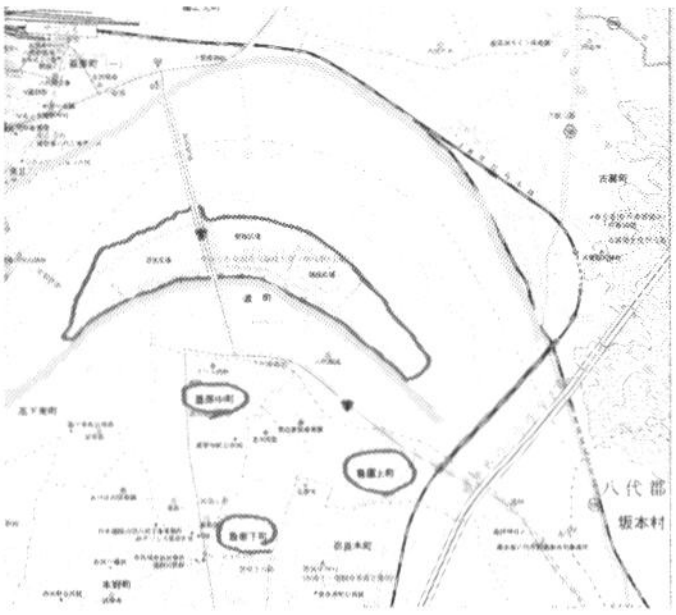

昭和 40 年水害に遭った渡町地区は現在、河川敷（上記地図の三日月枠の部分）

昭和 40 年の八代での洪水

た所です。そこは渡場があったと郷土史にあり、渡町という地名は、その由来かもしれません。

そこには、一〇〇戸ほどの住宅や畑がありました。私の家は、集落の中心部から少し離れたところにありました。そこは、二〇戸ほどの集落でした。その中で一番高台にありました。昭和四〇年洪水で、私の家が床下浸水した時、隣りの家は軒下まで浸水していました。この時、建設省が荒瀬ダムに設置していた放水のサイレンが鳴って、三〇分から一時間の間にバァーッと水が増えました。昭和三〇（一九五五）年代から洪水被害の常襲地帯となっていましたが、この時はひどかった。上流のダムを含め、数百年の歳月で堆積した周辺の砂利や砂の大乱掘であちこちに大きな穴が広がり、乱開発により大きな被害が生じたのです。川の拡幅が行われることになり、この時、家が浸水したり損壊した一〇〇戸ほどの集落は、町ぐるみの移転となりました。それで、スポーツ公園の堤防と、それにつながる国道二一九号線が堤防としてありますが、ゴルフ練習場や八代南高校などがある所とスポーツ公園は、今でも渡町です。

国交省はこのスポーツ公園を、勘違いしたのか、渡町なのに豊原《ぶいはら》公園と呼称しています。堤防の南側（外側）が、豊原中町、豊原下町、高田と続き、高田は昔、旧萩原橋から南へ直線に通じていた古くからの街道で知名度は高く、位置関係をよく知らない八代市民には、八代が広い範囲で危険であるかのような誤解を与えます。国交省は、昭和四〇年洪水で、豊原、高田が水浸しになったと言い、それらもふくめて、よく調査していません。

国交省が報告会で、萩原堤防が深掘れしている、厚みが足りない、日本一危険な堤防というのも、事実と異なります。

八代公民館で行われた報告会の五日後、早速八月二五日に、私と、出水晃さん、平山信夫さん、中山頼行さんの四人で、国交省のいう萩原堤防の深掘れを計測しに行きました。国交省は、危ないと言うものの、どこがどれくらいの深さで深掘れしているのかを、示していません。

ボートは中山さんが出しました。中山さんは、長良川河口堰反対運動にたずさわった人で、カヌーイストの野田知佑さんとも知り合いです。平山さんが、測量用の計測器を持って来ました。平山さんは土木建設業を自営していたこともあり、プロの使う本格的なものです。出水さんは、八代駅近くでミックという喫茶店を営む人で「美しい球磨川を守る市民の会」代表です。

四人で調べたところ、国交省が深掘れしているという河口から七・六キロメートル地点の水衝部の山下羽根付近を測りました。羽根というのは、萩原堤防を築堤した江戸時代に、水のあたる湾曲部に数メートル間隔で八つ、堤防から出っ張りを築造してあるもので、流水を川の中央に押しやる役目をするものです。

その時の調査によると、つぎのようでした。

山下羽根の突端から一メートルの測点では、深さ四・〇メートル

右写真スライドの地形図の縦横比を正しくすると「深掘れ」していないし、実際測定しても四メートル以下

国交省の言う、萩原堤防の「深掘れ」（図面の縦横比 10：1）

同上流部一・五メートル測点では、深さ三・五メートル
同突端から川中央へ向かって七メートルの測点では、深さ三・三メートル
同突端から川中央へ向かって一五メートルの測点では、深さ二・一メートル

仮にえぐれているとすれば、この計測では不十分かもしれません。そこで、出水さんの娘さんの出水麻衣さんは、国交省とともに水中に潜って調査してもいいと言っています。学校の水泳部でいっしょだった友人も誘ったところ潜っていいと言っているそうです。国交省はその意志を知っていながら、深掘れの調査しようとしません。他の流域市町村の報告会で出された問題箇所には、「ともに歩いて、現地を見ましょう」と言って、現に数か所では実際に調査に出向いているというのにです。

その後、九月一九日八代・麦島東西町集会所で行われた報告会で、私はこの報告会の対象区域住民だったので、七・六キロメートル地点の深掘れを埋める対策工事をやっていないではないかと、質問しました。ふつう国交省は、二〜三回のやりとりしかさせません

昭和 40 年の洪水時の豊国旅館の写真。実際に壊れたのは豊国旅館の土台の石垣。住宅の前の堤防自体は壊れていない。

球磨川河畔で説明する満田さん（右から二人目）

が、そこの深掘れ対策が必要と、二〇〇一年から二〇〇三年にかけて行われた住民討論集会の時も言っていたにもかかわらず、工事していないことを見て知っていました。二～三回の壁を突破して、五回ほど問答し、「なぜ、すぐしないのか」と問い詰めました。国交省は、他に先にやらなければならない所があるので、そこはやっていないと答えました。

その後一〇月九日の八代・太田郷公民館での報告会で、「いつするのか」と住民が質問すると、「二〇年ないし二五年かけてやる」と答えました。「萩原堤防はいつ破堤してもおかしくない」「日本一危険」という割には悠長な話というより、言うこととすることがくい違うことが明らかになりました。

さらに、国交省が報告会で言った、萩原堤防より堤防の高さが低い対岸の豊原、高田《こうだ》が浸水したため、これらの犠牲のもとに萩原堤防は守られたと言いました。これも事実と違います。豊原、高田が浸水したことはないと思い、念のためそこに住む六〇歳前後以上の四人の知人に私が聞いたところ、豊原、高田は浸水した記憶がないということでした。

また、国交省は、豊国旅館というのが旧萩原橋のすぐそばにあったのが、昭和四〇年洪水で流失する寸前の写真を示して、萩原堤防が危険だという根拠のひとつにしています。しかし豊国旅館は、萩原堤防の川の内側に自前で石垣をつくり、一部は斜めに柱を堤防に設置してその上に建物を建てていたものであり、豊国旅館の流失は、萩原堤防本体の崩壊によるものではありません。このことを指摘されると、国交省はその後の報告会で、その写真を「水害の一例」だと言い方を変えました。

何が何でも、八代を治水上危険だとし、川辺川ダムをつくろうとする国交省の意図が透けて見えます。しかし、一〇月一八日の萩原会館での報告会で出水晃さんが、一一月六日の宮地公民館での報告会で平山さんが、国交省の説明を突き崩す論拠を、文書にまとめて提出・配布し、発言もして参加住民に国交省のウソを知らせ、ダムは不要とまとめました。

（平成一九年九月二三日、球磨川河川敷スポーツ公園にて。聞き手は赤木光代）

治水だけの単一目的対策は生態系をずたずたに――山の保水力は両方達成

●八代市・平山信夫さん

平山信夫さんは、八代駅から鹿児島に向かう肥薩おれんじ鉄道と人吉に向かうＪＲ肥薩線が分岐する、八代市古麓町に住んでいます。球磨川河口から九キロメートル地点にある遙拝堰と、七・六キロメートル前後にある萩原堤防間の、球磨川右岸から少し奥まった所にある住宅地です。

背後（東側）に控える八丁山の麓にあたり、地名の古麓の由来を示しているようです。このたびの聞き取りで、平山さんが流域外からの川辺川ダム問題を考える調査グループに、八代には川辺川ダムは要らない、従ってダム建設費用がダムによって守られる流域の資産を上回り違法だという説明を、何度も、熱心にされてきた理由を知ることができました。

東京の国土交通省で行われた、球磨川水系の河川整備基本方針の検討小委員会を平山さんは、七回も傍聴しています。平山さんを知る人によると、平山さんは子どもの頃に経験した洪水被害について、自分の記憶に頼るだけでなく、友人と図書館で調べたり、人の証言を集めたりとさまざまに行動してきました。

昭和三八（一九六三）年洪水の時は、八丁山山系から流れ下る麓川という谷川の川沿い住んでいました。八月のお盆頃、この谷川の上流の山の中腹から、大量の水と土砂が襲ってきました。山津波です。山津波に襲われ、私の家は流されてしまいました。

この麓川の谷沿いで、七名が亡くなりました。同級生も同級生の弟も亡くなりました。同級生の姉さんは球磨川に流されましたが、流木につかまっていて奇跡的に助かりました。球磨川が、それほど増水していなかったことが、不幸中の幸いでした。濁流でもありませんでした。

谷沿いには一〇数軒ほどありましたが、今は三軒です。谷沿いで流された家は、すべて山津波によるものです。私の家も流されたので、七〇〇メートルほど北の方、八代市街地寄りの、今住んでいる所に家を建て、移りました。

なぜこのような山津波が起きたのか。山津波が起きた三年前、営林署が大量に山の上の方の木を伐採していました。私も、薪木を取りに行っていた所で、雑木林です。新聞では、専門家の意見として、当時奨励されていたみかん栽培のための、みかん山を造りすぎたといっていますが、個人的には違うと思っています。今となっては、原因はわかりません。

以前、扇千景元国土交通大臣が、「川辺川ダムをつくりたい」と言った根拠に、昭和三八年、四〇（一九六五）年、四七（一九七二）年の球磨川洪水の死者数を挙げています。それは事実と違います。

洪水とは、川の水量が平常より多いことをいい、氾濫とは別の概念です。氾濫する場合とそうでない場合があり、洪水というと、即、氾濫のイメージがありますが、氾濫しない洪水もあるのです。国土交通省は、堤防の越水での死者数のように言って、意図的にまぎらわしいもの言いで、川辺川ダムの必要性を主張します。

川辺川ダムの受益地とされる球磨川流域で球磨川の洪水で亡くなったのは一名で、あとは、私が住んでいた谷沿いの集落を襲ったような山津波や、土砂崩れによるものだということが、流域住民の調査で判明しています。

萩原堤防

球磨川河川敷スポーツ公園

五〇数年の間、球磨川の側に住んできた私の記憶では、八代では、球磨川があふれたことはありません。昭和四〇（一九六五）年洪水で流された家がありましたが、堤防の内側に家があったからです。昭和四〇年といえばまだ戦後二〇年、そういう所にも家がありました。満田隆二さんの話にもあるように、昭和四〇年洪水後、それらの家は強制立ち退きになり、現在は、氾濫原となることを前提とした球磨川河川敷スポーツ公園（河川敷公園）になっています。平成二（一九九〇）年ごろ、この公園化計画に参画しましたが、そのことは後で述べます。

元々、八代で、「危険」とされ川辺川ダム建設の根拠となっている萩原堤防は、堤防天端から手を洗えるような所まで水がきても、大丈夫な堤防です。それを、国土交通省は、堤防の厚みが薄いとか、堤防の下が深掘れしているといって、危ない危ないといいます。

私の記憶や、知人との調査での事実は、

① 昭和四〇年の最高水位は、国交省がもっとも危険という萩原堤防の球磨川河口より七・六キロメートル地点で、堤防天端より手を洗える地点まで水位が上がった。しかし、堤防はどうもなかった。

② 昭和四一（一九六六）年からより強固な現在の堤防に改修された。

③ 川幅も三〜三・五倍ほどになった

④ 以上により萩原堤防は、ほとんどの市民が安全だと考えている。

水無川の堤防決壊場所を示す平山さん

建設省（当時）が発行した冊子『「暴れ川」球磨川』。球磨川ではなく水無川の洪水の写真が掲載されている

改修工事後、市民は口々に「さすが国がやることは違う」と感謝したものだ

⑤にもかかわらず、国交省は、ダムを作りたいため、ごまかしを続けている

イ）その代表例が昭和四七（一九七二）年、球磨川とは別水系の、水無川の堤防決壊・氾濫によって八代駅前などが浸水した例を、球磨川の洪水例として住民に示している。

ロ）昭和四〇年の、萩原堤防の豊国旅館の流出を、萩原堤防の決壊が原因と、写真を使って説明していること。事実は、堤防から突き出して作られていた、不法構造物（石垣）が崩れたためであり、堤防本体は決壊していない。現在、その堤防は改修工事がされ、国交省によって基準以上の安全性も確認されている。

ハ）長年国交省は、萩原堤防では毎秒六九〇〇トンしか安全に流せないといい続けているが、昭和五七（一九八二）年、平成一八（二〇〇六）年には、毎秒七一〇〇トンが無事流れている。それどころか、七・六キロメートル地点で堤防道路天端まで四メートルの余裕があった。

平成二（一九九〇）年頃、今の河川敷公園をつくる親水公園計画の委員会がありました。国、県、市と市民団体で委員が構成され、私も「さなぼり会」という市民団体から委員になりました。さなぼりというのは、ハゼに似た三〜四センチメートルほどの魚です。

河川敷公園は、萩原堤防の対岸にあります。新萩原橋より下流側には民家が、上流側にはホテルや競馬場がありました。それらを全部移転させて、現在見るような公園ができました。河川敷ですから、洪水時、氾濫原となることを前提としています。

親水公園として子どもも遊べるような浅い水路も設けられ、スポーツや散策、ジョギング、子どもの遊び場としてよく利用されています。年に一度、全国花火競技大会もここで行われ、全国規模の花火大会を行うことができる水辺として、八代が全国に誇る大イベントとなっています。

新萩原橋そのものが、人吉方面に行く国道二一九号線になっています。二一九号線は、新萩原橋を過ぎると一〇〇メートル余りで左折しますが、元はこの二一九号線の左折部分数百メートルが堤防でした。その内側に用地取得の費用が少なくていいようにか、それとも旧堤防までの川幅を必要としないでも安全性が確保されるのか、河川敷公園に面した所に新しい堤防ができました。堤防が二重にあるような感じです。それで旧堤防である二一九号線と新堤防の間には、砂利や砂といった土木建設資材の置き場、ゴルフ練習場、八代南高校やコンビニエンス・ストアまであります。

昭和四〇年洪水の明くる年から、萩原堤防の大幅な改修工事が始まり、日本を代表するような大林組、清水建設、鹿島建設、大成建設、竹中工務店といった大手ゼネコンが、二〇〇メートル程ずつ工事区間を請け負って工事するさまは、壮観でした。萩原橋も長さ一八〇メートルくらいだったのが、新萩原橋は六五〇メートルになりました。この河川改修で、八代の球磨川はもっと安全になりました。

河口から七・六キロメートル地点、萩原堤防の湾曲部の水衝部(*)の水あたりをさらに緩和するた

遥拝堰

めに、河川敷公園の上流部の、土砂などの堆積物を除去し、河川敷並みに低くしたら、より安全になると私は考えています。

その理由として、そうすれば低くなった部分にも水が流れるようになり、洪水時の川幅が拡がります。そのことで流れの中心が堤防から川の中央部に移動し、水衝部への水あたりが弱くなります。右岸と左岸の水位差が小さくなり、右岸萩原堤防側の水位が下がると考えられるからです。洪水時、流量にもよりますが、遠心力が働くため、萩原堤防側は、左岸側より一・四メートル水位が高くなると考えています。両岸に土砂が堆積することも考えられ、深掘れ対策はしなくてすむ可能性もあります。

さらに、除去した土砂を、遙拝堰下流のかつてあった瀬の跡に敷きつめれば、特産のアユの産卵場ができます。川筋で生活してきた者としては、アユやウナギが姿を消していくのは、さびしいものです。萩原堤防を日本一危険な堤防と、国交省が主張するのであれば、安価でできるこの方法を、まずやるべきでしょう。

国土交通省は、そこは民有地だからといって除去しようとしませんが、地権者に聞いたところ、今のところ利用目的もない土地であり、買収に応じてもいいということでした。

私は、球磨川漁協の総代も務めています。私の関心事は、川で魚が捕れるかどうかです。昭和三七（一九六二）年に山津波をおこした谷川は、三面張りのコンクリートの川にされ、魚がいなくなりました。山津波にあった日も、その直前の午後二時頃、川の水が増えてきたことが楽しみで、わくわくしていました。水が増えると、魚が捕れるからです。コンクリートというのは、河岸が崩れるのを防ぎますが、機密性がありすぎて、いろいろな生物が棲まなくなります。川が味気なくなります。

環境に配慮せず、治水という単一目的で対策工事をやられると、こういう損失をこうむります。次世代、そのまた次世代と、子々孫々の損失を考えると、膨大な損失になるのではないでしょうか。

小学五年生の頃から、球磨川の遙拝堰から萩原堤防にかけたあたりで、ウナギを取っていました。子どもでも、大人の日雇いの一日分くらいは稼げました。うそみたいな話ですが、その頃の球磨川は川に入ると、アユとかウナギその他の魚を、足で踏まないことはないくらい多かったんです。五月いっぱいは禁漁期で、八代は取り締まりが厳しかったのですが、監視の目を盗んで、ま、密漁することもありました。川魚はよく食べていました。貴重な蛋白源でした。

アユを代表とする魚類を増やすには、河川を堰き止める人工構造物はできるだけ造らないでほしいと願っています。アユの仔魚（アユの赤ちゃん）は、安全に全部海に流れてほしい。水の量が少ないと魚道も機能しません。水の量を増やさなければなりません。それには山が大事と、こう考えます。

遙拝堰の問題でいえば、この堰から取水される水は、農業用水、工業用水、上水道用水と水利権が決まっています。水の量が少ないと、河川へ流れ込む水量が不足します。その結果、一〇月から一二月にかけて、上流で生まれた仔魚は、用水路などへ流れ込んでしまい、翌年の天然アユが激減します。

水利権で、水の配分が決まっているのなら、水の全体量を増やすことが水生生物にとって重要となり、そこで山が重要になります。山の保水力を増やすことが、渇水時でも川の水量を一定以上に保つことになると考えます。

山から流れる水は、生物に必要な養分を含み、それが海まで流れる間に、多くの生物をはぐくみます。今こそ、山を大切にすることが必要だと考える理由です。球磨川や、八代海の再生には、山が健康に保たれて土砂流出を防ぎ、山で保水された水や養分が健全に海まで流れること、これらが大事と考えています。

（平成一九年一二月、八代市内にて。聞き手は赤木光代）

＊水衝部：河川の湾曲部などで水の流れが強くあたる箇所

内水洪水被害にさらされて

●あさぎり町・別府勝征さん、高田学さん

別府（勝征さんら）二戸と高田学さんは、あさぎり町須恵の石坂堰と支流伊賀川に挟まれた川瀬集落（球磨川の左岸）で農業を営みながら住んでいます。川瀬集落周辺は、昭和四五（一九七〇）年ごろ行われた農業構造改善事業で整備された水田が広がる農村地帯で、支流伊賀川はその農業改善事業で整備された排水路です。このあたり一帯の水田の排水を集めて球磨川に返す目的で整備されました。球磨川の左岸には堤防が連なり、堤防の上部は「球磨川サイクリングロード」として整備されており、一見すれば水害被害とは全く関係ないような印象を受ける地区でした。

川瀬橋から支流伊賀川方向に歩いてみると、道路や宅地などが伊賀川に近づくにつれて低くなり、下り坂になっているのが実感できます。

別府さんと高田さんは水害被害についてこう語ります。

基盤整備されたあさぎり町川瀬地区

伊賀川の側壁沿いの道路より宅地が低いので、年に五、六回、多いときは一〇回も自宅の床下と倉庫の床下が浸水します。浸水防止のため、土のうも、その都度積んでいます。

現在の川瀬集落は石坂堰と支流伊賀川に挟まれ、周囲より土地が低くなっており、大雨のときは周囲の水田が浸かる被害がでます。伊賀

別府さんの家を西側から囲む小築堤

川が越流してくるのです。別府二戸の家は特に低く、庭先まで水が流れ込み、床下浸水の被害に見舞われたりしています。敷地内のうち、伊賀川に面した部分は、石垣や塀や土のうで防水をしているのですが、大水となるとあっという間に土のうを超えて流れ込むのです。度重なる床下浸水で家の土台のコンクリートにヒビが入っております。平成一六（二〇〇四）年、一七（二〇〇五）年の台風のときは、床上までは来ませんでしたが、床下六〇～七〇センチメートルくらい水に浸かりました。家の廊下のサッシまでチャプチャプしていたのです。水が宅地に入らないように土のうも消防団より置いていただいています。

伊賀川に面した小堤防は平成一八（二〇〇六）年二月に完成しました。平成一六年の被害の後に、川瀬集落住民で話し合い、町に要望書を提出して別府家の二軒と高田家を囲むような小さな堤防（小築堤）を築いてもらいました。小堤防を作るに当たって、別府家の二軒の土地を提供しており、また管理も二軒で行っております。平成一七年の被害では、北側道路に面したところから宅地に水が入り、廃土を自分で購入して盛り土をしました。

川瀬集落のすぐ下流に石坂堰があり、石坂堰と支流伊賀川に挟まれたこの集落は、もともと水害常襲地帯です。どうして浸かるのかというと、下流にある石坂堰で球磨川の水がせき止められているから大雨のときは球磨川の水位が上昇し、このあたり一帯の水をすべて受けている伊賀川が水を吐けなくなり、内水被害が発生するからです。

伊賀川と球磨川の合流地点

別府さんの写真帳

昭和三五（一九六〇）年に市房ダムができ、その後、球磨川の改修などが行われたことで、球磨川本川からの浸水被害はなくなると思いましたが、この集落では内水被害が起こるようになっています。私は大雨が降ると不安になり、球磨川や伊賀川を見回り水が多く集まっている所の写真を何枚も撮って、それをみんなに見てもらえばわかるように、写真帳をつくりました。

球磨川に面して、国土交通省が樋門を二基設置しています。一基は上流の中島排水樋門（管）で、もう一基は川瀬地区にある伊賀川排水樋門（平成一〇年　国交省管轄）です。一基が二億円したそうです。

大雨の時は、伊賀川に周囲の水が流れ込むだけでなく、左右の水路や溝から、遠くの水田からと四方八方から水が集まってきて、樋門にあつまる水量が増えてきます。ところが豪雨で球磨川が増水したときは（球磨川側から水が逆流しないように）上流の樋門一基を閉じます。その水がさらに伊賀川に集まってきます。一気に増水した伊賀川樋門は内水が吐けなくなるのです。四方から伊賀川に水が流れ込むのに、出口の二基の樋門は小さくて、水が球磨川に出ることができず、伊賀川が増水してこのあたり一帯が水に浸かるのです。

伊賀川上流の樋門直下では、増水した水が渦巻いている状態です。樋門のまん前にある床浪橋あたりで三〇〜四〇センチメートルまで水につかり、とても怖くて近寄ると危ない状態になります。

　平成一六年八月三〇日の水害発生に伴い別府二名と高田の三名で、川瀬集落の同意を得て、あさぎり町役場へ水害に対する意見書・要望書を提出しました。平成一六年九月三〇日のことです。そして小築堤は平成一七年一一月着工で、完成したのが平成一八年二月です。

　平成一七年九月の台風一四号の時は、最も水害がひどく、寺池地区（竹原・中島・川瀬集落）に避難勧告が出されました。もともとの土地が低いので、町に伊賀川増水のときのポンプアップをお願いしたところ、ポンプ代に二億円かかるからできないと言われました。

　この水害写真を見てください。洪水の時は、ここらあたりの水田も宅地も共同墓地も浸かります。最近では平成一六年、一七年の二回こうした被害を受けています。伊賀川があふれて屋敷内に水が流入するのを防ぐために、土地を提供して、町は小築堤を家の横につくりましたが不十分です。小築堤完成後の平成一八年に別府家の二軒は床下浸水が一回発生しました。平成一九（二〇〇七）年は雨も台風もなく被害がなくなりましたが、何度も言うように内水の被害が多い。だから上流樋門の横に排水ポンプを設置してほしいのです。

　このポンプアップとともに、大雨の時は本川の球磨川の水位も高くなるので、内水が吐けきれるように球磨川の水位を下げる必要があると思っています。水位を下げるために、ひとつは伊賀川が球磨川に注ぐ所から川瀬橋の下流一〇〇メートルほどの所まで、球磨川左岸に堆積した土で張り出し、土と雑木が生えているところを除去してほしいのです。昭和四四（一九六九）年に球磨川改修により川瀬橋が架け替えられました。そのころ川の近くに四、五軒の家が建っていましたが、昭和四三（一九六八）年頃移転して行きました。川瀬橋の近くには、そのころの土手の残りが今でも残っています。

球磨川に面した石垣は平成一八年に除去されましたが、まだ残っている昔の土手があり、その横にある宅地跡には雑木が生い茂り、そして今の堤防という構図になっています。川原の藪になっているところの土砂の除去はもちろんですが、この土手が流れを阻害していると思います。これも取り除いてほしい。伊賀川の出口あたりは平成一七年一二月に一度除去し、一八年にも少し除去してくれました。憩いの広場という公園整備計画になっておりましたが、計画案は中止になりました。今、川瀬橋からみると、少し高さが下がっている一帯があるのがわかると思いますが、それが堆積した土砂を除去した跡です。国交省は今年にはここを全部取るように努力しますと言いましたが、どうなるでしょうか。ここは川の地形上、土砂が堆積しやすい箇所なのでしょう。また土砂がたまって草や木が生い茂り、藪になってしまいました。

以前町に、ここの土砂を取り除いてくれと要望したことがあったのですが、「泥が水に変わるだけで、水位はなにも変わらん」と言われたこともあったのです。「泥があるから川の水位があがる。泥は動かんが、水は動く」。泥を取れば、水は流れやすくなるのに、この職員は一体どういうつもりで言ったんだろうと不思議でたまりません。

川瀬橋から見た堆積した土砂

それと川瀬橋の下流五〇〇メートルほどの所に石坂堰がありますが、この堰を五〇センチメートル低くしてほしいです。そうすれば、球磨川の水位が下がるのではないかと思うのです。昭和三七（一九六二）年三月に改修された石坂堰は、今年から三年計画で熊本県が改修に入ります。せっ

石坂堰（あさぎり町）

かく改修工事をするのだから、大雨のとき川瀬集落の水面が下がるように、堰の基礎を下げてほしい。改修の説明会が一昨年行われ、意見を述べたら町を通して意見を言ってくださいと言われました。せっかく改修工事を行うので、こういうときに、住民の意見をきちんと聞いて、それから工法とかを決めてほしい。石坂堰の対岸に水門が見えるのは、木上溝《きのえこう》取水口で、ここから川向こうの農地に取水されています。石坂堰の水門は堰の斜め下流にあるので、下げても影響はないのではないかと思うのです。

石坂堰を下げてほしいという要望に対しては、堰の構造物の下に油圧ポンプが入っているので、基礎を下げることはできないと言われました。今年九月に再度説明を受けましたが、このとき堰を一二センチメートル下げるのに二億五〇〇〇万円かかるという話を聞きました。

石坂堰の高さをもっと下げて球磨川の水位をさげ、伊賀川の出口にある樋門に排水ポンプをつけて、川原の土砂を取り除いたら、この集落は水に浸からなくなるんじゃないかと思っております。

（平成一九年九月二六日、あさぎり町の別府さんの自宅にて。聞き手は須藤久仁恵）

球磨川の怖さと豊かさ

●多良木町・黒木敏章さん

多良木町下鶴地区在住の黒木敏章さん（七〇歳）は、田園地帯で農業を営みながら球磨川の豊かさと怖さを目の当たりにしてきた。本人に球磨川に関する思いを寄稿してもらった。

球磨川河畔に立つ黒木さん（手前）

私の住む下鶴地区はこの多良木町の球磨川河畔では最も低い地域に位置し、大雨を伴った台風の時などは水害の常襲地帯でした。当時は堤防も形だけのもので、球磨川の水が増水すると堤防が決壊して私たちの村を濁流が床上まで流れこんで泥で汚れて、後掃除には消防団ほかボランティアの応援を受け、本当に大変な思いをしました。

　また水稲も土砂に埋まり、米の収量もほとんどなく、非常に厳しい生活をよぎなくされた事も度々でした。それが改善されたのは、昭和四〇年代になってからです。本格的な堤防が建設省により築堤されてから後は水害の心配はなくなりました。

　市房ダムが建設され、それまでは旱魃の時などは水不足が各地で発生し、水争いが起きておりました。それがダムができた事により農家にとっては安定した水の供給が受けられる様になり、それが幸野溝と百太郎堰（*）の二本の幹線水路により球磨南部を潤して、球磨の農産物の発展に大きく貢献をしたわけです。

しかしながら、集中豪雨の時には各河川の増水に加え、ダムの放水により平成一七（二〇〇五）年九月六日の台風一四号に伴う集中豪雨の時には、今までにない様な増水で堤防の決壊の恐れがあると言う事で災害本部より町長、消防団長他見えられまして、避難をしてもらうように指示をしていただきたいと勧告を受け、直ちに体育館に避難するように誘導したわけです。

最近の河川の状況は大きく変わっており、昔の面影はありません。水量は少なくなり、川底は汚れ、鮎などの生態にかなり影響が考えられます。

里の城大橋

また川岸においては、ヨシ、竹等が繁茂して、このままでは数年後にはどうなるかと心配しておるところです。
あさぎり町（須恵、深田）の二ヶ所に素晴らしい親水公園ができております。多良木地区にもつり橋をイメージした里の城大橋が平成一九（二〇〇七）年四月に完成しております。この景観を含め環境にマッチした親水公園を望んでおる一人です。水は生活の原点だと思います。みんなで水について真剣に考えたいと思います。

＊幸野溝・百太郎堰：幸野溝は現在の水上村幸野を基点として、湯前町・多良木町・あさぎり町を経て錦町までの全長約一六キロメートル、灌漑面積約一二〇〇ヘクタールの灌漑用水路。江戸時代、相良藩によって建設された。

百太郎堰は多良木町の球磨川南岸の取入口から始まり、多良木町、あさぎり町を通り、錦町に至る全長約一八キロメートル、灌漑面積約一四〇〇ヘクタールの灌漑用水路。鎌倉時代に建設され、江戸時代に延長されたといわれている。

百太郎堰と鮎之瀬堰間の右岸の浸水対策と左岸堤防整備を

●多良木町・井上孝雄さん

井上孝雄さん（七二歳）は、多良木町黒肥地三区の区長です。地区内の洪水被害の常襲地帯のことが、頭から離れません。球磨川には、水上村の市房ダムから相良村の川辺川の合流地点まで、上流から幸野堰、百太郎堰、鮎之瀬堰、石坂堰があります。どれも農業用水を取水する堰です。

井上さんは、百太郎堰―鮎之瀬堰間の、一・二キロメートルの区間の河川改修を求めています。百太郎堰の取水口は、多良木町の最上流部の左岸にあります。百太郎堰は左岸すなわち球磨川の南側にある多良木町多良木地区一帯の農地を潤しています。鮎之瀬堰の取水口は右岸にあり、右岸すなわち北側の多良木町黒肥地地区一帯の農地を潤しています。

鮎之瀬堰の下流六・九キロメートル地点に石坂堰があります。石坂堰は、錦町木上《きのえ》やあさぎり町須恵一帯の農地をかんがいしています。多良木町からあさぎり町にかけて、左岸と右岸の農地と点在する住宅は、球磨川の増水時に、ともに内水が吐けず、広範囲に浸水します。昭和二七（一九五二）年、二八（一九五三）年の水害の時には、舟で助けられた人もいます。市房ダムができる前は、鮎之瀬堰周辺の集落が水上がり（水に浸かること）していました。

堤防が整備された箇所もありますが、いまだ整備されていない箇所もあります。鮎之瀬堰は農地に水を提供しており、取水量は減らせないので堰を低くすることもできません。大王橋周辺の集落は今でも避難しないといけません。

多良木町の球磨川（鮎之瀬堰付近）

黒肥地第四排水樋管

私は昭和二九（一九五四）年ごろ、建設省雇いの労務者でした。一武（錦町）や深田（あさぎり町）や免田（あさぎり町）に、堤防工事に出かけていました。二人一組で、二〇台のトロッコで土を運び、松杭を打って支持杭を打ち込み、樋管を敷設して堤防をつくりました。その堤防は、「黒肥地第四排水樋管」と記してある水門がある球磨川対岸の堤防です。

労務者は五年を経ると、建設省職員になることができました。ただ私は、農家を継がなければならなかったので、建設省の要請もありましたが、応募をしませんでした。東京では、神田川が高田馬場あたりで急鹿島建設に入社しました。福岡、大阪、東京と行った後、に狭くなっているので大雨のとき水があふれ、その対策工事や、宮崎県境の近くの球磨盆地の谷間で、砂防堰堤をつくり、山腹工事、林道工事をしました。

私がこれから述べる、やるべき工事は、大手をつれてこなくても、地元業者でできる工事です。

鮎之瀬堰のすぐ上流に、黒肥地第二排水樋管の水門がありますが、大雨のとき、球磨川の水が入ってくるのを防ぐために、水門口が閉じられます。球磨川の水位が高いと、内水が吐けず、多良木自動車

大王橋上流の堤防未整備区間

北岸のみ堤防が整備された多良木町の球磨川

学校や周辺の農地が広範囲に浸かります。その対策工事をやってほしいのです。この自動車学校周辺は、北側の大久保台地から流れて来る水も合わさって、浸かりやすい土地です。以前の計画では、堤防自体を自動車学校の北側に作って、川幅を広げる予定だったのです。大園下地区の農家も一軒、よく浸かります。

この黒肥地第二排水樋管は球磨川右岸の堤防に設置されています。堤防を境とする反対側には、堤防から下る道路があり、その道路は坂になっています。坂の下に堤防と平行に直径一メートルほどの管が埋められており、大水が出ると、この管とあと二方向、三方向から水が集まって来ます。その水が吐けないのです。

平成一九年五月二四日に、黒肥地二区公民分館であった「くまがわ・明日の川づくり報告会」で、このようなことを発言したところ、国交省は「球磨川の外水が上がれば、内水は吐けない」と答えました。

そこで、球磨川の水位が上がらないようにするために、つぎのような堤防整備や内水排水対策を国交省には提案しています。もともと建設省は、この地区で、このような堤防を整備する計画を持っていたのですが、市房ダムが完成した後の昭和三五（一九六〇）年以降、河川改修をしなくなりました。

まずは、大王橋から上流の両岸部分、大王橋左岸の鮎之瀬堰から上流部分の堤防の未整備部分を整備すべきです。既に大王橋周辺は土地の買収をしてあります。そこに農道があるのですが、国のものだから整備もできない状態です。

左岸の、鮎之瀬堰から上流部分の距離にして約二〇〇メートルくらい、草木が生い茂っています。そこを、幅五〇メートルほど草木や土砂を除去し、堤防の続きを作るべきです。鮎の瀬堰のところまでは、下流側から堤防ができています。そこにつなげたらいいと思います。そうすれば、河岸を幅約五〇メートルほど後退させるので、その分川幅は広くなって、増水時の水位も低くなり、内水も吐けると考えます。

それに加えて、この地区にはあと一つ水門がありますが、両方の水門に、内水を排水させるポンプを設置するべきだと思います。

（平成一九年八月二五日多良木町内の球磨川河畔、一二月二四日井上さんの自宅にて。聞き手は赤木光代、土森武友）

水害は築堤で無くなった——清流の復活を！

●多良木町・中神麻實さん

あさぎり町川瀬地区から中島地区を経て球磨川の上流をさかのぼった多良木町の牛島地区に中神麻實さんのお住まいはある。王子橋の近くの牛島地区は球磨川の堤防に面した集落であった。中神さんからは主に球磨川の築堤（堤防のこと。中神さんは築堤と話されていたので、以下すべて築堤と言う）についてお話を伺った。お話をしているうちに、昔、うなぎ漁に使っていた「メゴツ」という道具などを持ち出してこられ、昔の漁の話などを身振り手振りで話してくださった。

昭和三〇年代半ばごろに作られた球磨川の築堤のおかげで、この地区は水害被害にはあっていません。昭和四〇（一九六五）年七月の大水害のときも、ここは被害が出ませんでした。

築堤が作られる前は、大水がでると舟で牛島地区から地蔵堂《じぞうどう》集落（球磨川から離れた集落）まで避難していました。そのときは年寄り・子どもを先に逃がして、自分たち大人は川を見ながら、危ないか大丈夫かという判断をしていました。水害は麦取り時期（麦の収穫時期）に多かったです。畳を上げて、収穫した麦や飯米《はんまい》（自家用の米）をそこに乗せて水に浸からないようにしていたことを覚えています。たんすは引き出しを中身ごとひっぱり出して二階に上げ、それから畳をあげていました。

いつ舟で逃げるか、いつたんすを上げるかというような避難の方法も、全部自分たちの経験と判断で行っていました。「牛島が床すれすれだと、中島はへそ、川瀬は首まで」という言葉がここらあたりではよく言われていました。それくらい下流に行くにつれて水かさが増しているということです。ひとつは石坂堰があるために水位が高いこともあるし、川瀬地区には「寺池」という湧水地（寺池親水公園）があるから、水が豊富で余計に水につかるのでしょう。

築堤は当時の建設省が、中流域を管轄したのと同時に球磨川改修に着手しましたが、その一環で造られたと記憶しています。多良木の下鶴地区から牛島地区まで築堤建設に着手しましたが、球磨川改修に反対する意見もあり、下鶴から牛島地区を抜かして中島地区、そしてあさぎり町の川瀬地区へと築堤の建設工事が進みました。その後、この牛島地区もようやく堤防工事が進みました。進まない工事に、当時の政治家（鹿児島出身）が口を利いてくれました。しかし、黒肥地から上流にかけて築堤が切れています（この間の状況は巻末の国会議事録参照）。

牛島地区の球磨川の堤防

築堤ができてから、大雨が降っても川を見に行かないようになりました。築堤工事がどのように行われていたかというと、川の中州の砂利や泥をとって堤防を築いていました。昔、ここからもっと川寄りのところに家が建っていましたが、建設省が買い上げて、そこに築堤ができました。宅地の跡に堤防ができているくらいだから、この築堤の幅は広いです。

昔は洪水予防として川岸に水よけを作っていました。太い丸太を三本くらい組んで、石を詰めた蛇籠をつくり堤防の代わりに組んで積み上げていました。これで岸に組んで流れの中央点を変えていました。川の流水が流れて勢いよく岸にあたると、そこから崩れていくので、川の流

中神さん所蔵の「メゴツ」（上・下）

れを変えることで岸を守ろうとする昔からの仕組みと知恵です。今は隙間のないコンクリートブロックを積むから、魚の住処もなくなります。丸太や石などで作られた隙間があれば、魚もそこに棲めます。この隙間を矛でついて魚をとっていました。昔、「メゴツ」といううなぎかごを使ってうなぎ漁をしていました。夜川にかごを入れて、朝引き上げると四〜五匹一度にかかったこともあります。かごを開けたら、うなぎがギュギュと鳴いていました。

昔は雨が降って川の濁り水のときでも、子どもたちは川で泳いでいました。斜めに泳いで向こう岸や中州に渡りついていました。大人も、それを危ないとも言わなかったものです。今の子どもらが事故にあうのは、川の流れを知らないせいもあると思います。

須恵部落（現・あさぎり町須恵）に「才和田《さいわだ》井堰」というのがありました。球磨川改修の堤防建設のとき、これは撤去されました。そのとき、新たな水路をつくるということになりましたが、自然流下で設計したほうがいいという意見とポンプアップのほうがいいという意見が対立しました。最終的にポンプアップの方法で水を上げるようになりました。ポンプは河川改修の補償として国が設置しましたが、維持費は農家負担。だから今、莫大な電気代がかかっているといいます。最初、維持費がどのくらいかかるかわからなかったので、昔の井堰の水の量のまんまポンプアップして水を流しましたが、それだけ流すと電気代がかかるのも当然です。今は季節や時期を見ながらポンプアップしています。

牛島地区を流れる球磨川

この井堰の隧道（トンネル）が今も残っています。自分たちはヌキとよんでいました。農閑期になって水路の水を落とすころ、隧道のなかのシジミを取りにざるを持って入っていったりしていました。

そんな思い出がありますが、市房ダムができて昭和四〇年ごろを機に、川が次第に変わってきました。三〇年前は魚もいっぱいいました。今は魚がいません。アユは全く見ません。昔の球磨川は川辺川より水が多かったものです。今の川の橋でも見てください。ピーア（橋脚基礎）とピーアの間の一箇所だけ水が流れているじゃないですか。あとは藪。その藪を切り払い、取り除いていけば（流量の）四〇〇〇トンや五〇〇〇トンの水はすぐ流れます。今は川幅も狭くなっています。魚の棲める淵や瀬も消えました。大体繁殖する場所がなくなっています。これじゃアユの放流をしても、棲み付くことはできません。濁りが取れない、魚が棲めない川になってきました。球磨川本流も市房ダムのために汚れていますが、百太郎堰、都川、岩川内川《いわごうちがわ》という支流が流れ込むことでここらあたりまでくると、川の水も美しくなります。

川辺川もダムができたら、本流以上に魚がすぐいなくなるに違いありません。川辺川あたりも、ダムダムといわずに、堤防を作ればいいんじゃないでしょうか。川幅を決めて、堤防をつくれば治水対策になると思っています。

（平成一九年一〇月一三日、多良木町の中神さんの自宅にて。聞き手は須藤久仁恵）

ダムには限界が――川辺川の水害対策もダム以外で

●相良村・緒方正明さん

水害は球磨川沿いだけではなく、川辺川筋でも発生している。川辺川ダム建設予定地だった相良村に住む緒方正明さんに相良村内の水害の状況と望まれる水害対策について聞いてみた。

――私どもは昔、水害に遭った方や、川の近くに住んでおられた方々の聞き取りをして回っております。このことはダムに賛成、反対に関係なく皆さんの実体験とそこから感じ取られたことを伺い、球磨川・川辺川の治水はどのようなものがもっとも良いかをまとめ、治水マップのようなものを作りたいと思って、今日うかがいました。今日の午前中、人吉市下薩摩瀬地区の方に話を聞きましたら、「ダムが上流に無かなら堤防はいらん」とおっしゃる方がいました。

うなずけます。今の堤防ができる前に、以前の堤防がありました。今の堤防より一メートルくらい低かったですね。蛇籠でできていました。桜の木がずっと植わっていて、この桜の木に舟をつないでいました。父に連れられてこの舟で魚取りに行ってました。私は川辺川とは六〇年来の付き合いで、この川筋をずっと見てきています。実際にここに住むようになってから昭和三〇年代までに五～六回水にやられました。戦前に母が水害に遭ったと言っていましたが、戦後の水害みたいに水がバァーと増えては来なかったと言っていました。昭和二七（一九五二）年、二八（一九五三）年にも床上まで来たことがあります。一番ひどかったのは昭和三八（一九六三）年、四〇（一九六五）年です。結局、戦前戦後の山の木の伐採が祟ったのではないですかね。雨が降ってから増えるのが早かった。

――水の増え方は戦前と戦後では違いますか。

随分違います。母の話では戦前はあまり水害がなかったそうです。床下の近くまで水が来ることはあったそうです。

――昭和一八（一九四三）年ごろ一回あったようですが……。

昭和一八（一九四三）年ごろありました。床上までは来なかったんじゃないですか。この辺は床上ではなく、ちょっと川から溢れる程度だったです。下流はひどかったでしょうが。昭和四〇（一九六五）年の大水害に比べると子どもだましのようだったようです。昭和二七（一九五二）、二八（一九五三）年の水害では床上まで来ました。保育園を始めたのは昭和三三（一九五八）年で、これから後の水害ではたびたびやられました。昭和三八（一九六三）年の水害で先ず凄くやられ、それこそ、あそこの家あたりが、軒下一二〇センチメートルから一三〇センチメートルくらいのところまで来ました。直径一メートルくらいの松の木が根こそぎ座敷の中にガーと入って来ました。皆、高台の方に逃げました。私も家にずっと居ましたが最後に逃げました。水位が床上一メートルくらいになった時、舟に迎えに来てもらって逃げたんです。家があって保育園が続きだったものですから、掃除が大変で

相良村永江地区

永江地区を流れる川辺川

した。人吉農業高校の人たちに随分手伝ってもらいました。今はこの地区には七〇数軒ありますが、当時はもっとあったんですよ。逃げたり、移ったり、川のそばから高台に移った人とか沢山います。

――それは昭和三八（一九六三）年ですね。

昭和四〇（一九六五）年はもっとひどかったですよ。そんときも沢山の人に後片付けに来てもらって、やっと保育園も助けてもらったんです。川辺川ダム計画がその後すぐできたんですよ。

――昭和四一（一九六六）年のダム計画ですね。

そんな目に遭ってたものですから、そのとき（ダムについては）あまり関心がないというか、水害にやられたことだけが頭にあって、建設省の説明を聞いたかぎりダムができた方がいいと思いました。ダムには賛成と。治水ができるならやってもらいたいと感じていました。もうひとつ、私の従兄弟がダム推進だったんです。その後、彼が村長になってから相談を受けた時に、「造った方がいいですよ、いろいろ研究して下さい」と話しましたが、その後ダム計画は一向に進まない。当時五木村が猛反対でした。村全部が沈む、そこに育った人たちが反対するのは当たり前ですよね。しかし、こちらとしては作ってもらった方が良いと思っていました。

だんだん年が経つにつれて、状況が変わってきました。米は減反政策、アメリカの圧力があったと思いますがね。いらなくなった水田がどんどん出てくる。電気の話も、今の発電量とダムを作ってからの新しい発電量との差がないんですよね。別に作らんでもいいんじゃないかと思っていました。最近ダムの目的から発電はカットしてしまいましたよね。利水問題も聞いての通りであり、あとは治水だけ。ところが治水にはこれまた問題があるようで、市房ダムが人吉市の水害を起こしたような統計が出てきたとか。

それと私はダム問題を詳しく見たり聞いたりしたほうがいいと思い、他のダムの調査をしました。日本のダムだけでなく、アメリカや南米にも行きました。そこで国が潰れるような予算を使ってダムを作ったあと、地域がむちゃくちゃになった事実があり、そんな莫大な金を使うぐらいなら他にやることがあるのではと土地の人が話していました。ダムを作る莫大な金があるのなら、なんで今まで護岸整備をしなかったのか、多くの人が悩まされているのにと思いました。

——今一番感じることは?

川底がどんどん変わることです。中州がありますが、昔から(中州の砂利を取れと)言っているもんですから、県の方で砂利を取ってくれました。ほんの少しですけど。ところが、それを取っただけでも水が引くんです。だから国交省が来たときに、「ここも取ってくれ。取れば上の方の水が引く」と、私はそのとき内容を説明しようと思ったんですが、話を他の人に移してしまってできませんで、残念でした。ところが後から、国交省は説明して納得してもらいましたと言っていたという話を他の人から聞きました。冗談じゃない、納得どころか話もしてないんですよ。下の中州を取ってもらえばいいんです。一昨年も保育園は流されました。それ以降、保育園はかさ上げしています。

永江地区下流の川辺川の中州

――下の中州は結構高いですね。

あんなに高くなったのは、いっぺんになったわけではないんですよ。昭和三〇（一九五五）年ごろから高くなってきました。あそこが高くなって、水がさえぎられて、こちらの州があがって川底が高くなったのです。

――あの状態のままだと、だんだん上流に砂利が溜まりますね。

だから中州をとってくれと言っているんです。そうすれば永江地区の水害はなくなるんです。永江の人は始めはダム（推進）だったんです。ところが年が経つにつれて変わってきました。最近は七割がたは護岸工事をしてくれと変わってきました。みんなで夜中に矢上雅義村長（当時）に来てもろうて、ここは危ないからなんとかしてくれと言いましたら、してくれました。堤防補強に鉄板を張ってあるんですよ。今度やってくれました。今まで全く手が付けられなかったところを。

――県は何かやったんですか。

今のところ砂利取りはしたけど他は全然手を付けてないです。中州のところは村がやったんでしょうが、ここは県の河川ですから県がやったと言っております。ほんのちょっとですよ。みんな毎年毎年はらはらしているんですよ。中州の現状復帰は永江地区の総意です。皆、言っております。

――ここが浸かったときは、保障とか見舞金などお金は出たのですか。

何も出ません。議員がしっかりしてないから。保育園の建て直しをしたんですよ。前から申請していたのに対して国の補助は三分の一しかなかったです。こちらが必要としたのが一億五〇〇〇万円。村が何割か負担し、あとは自己負担。水害がなければ、そんなことは必要ないんです。

――昭和四〇（一九六五）年の大水のあと、水の上がりは早くなったことはありますか。昭和四〇（一九六五）年の水害も含めて。

早くなっています。昭和四〇（一九六五）年は朝、堤防が崩れた、蛇籠が押し出されて。

――津波みたいに来たんですか。

そのときは山だれになっていっぺんに来ましたね。最初ゴーと来て、二時間くらいでスーと引きました。たぶん五木村や上流の方で山の潮（山津波）があったんでしょうね。

――こっちは川辺川ですから市房ダムは関係ないですよね。

いや関係ありますよ。向こう（球磨川）が減ればこっちも早く引きます。向こうが放水したんで球磨川は増えっぱなしになりました。だから関係あるんです。両方にダムができたら、よほどうまく調整せんとダムには限界がありますからね。たとえば市房ダムのほうも、川辺川ダムの方も水が越えるか越えんぐらいでハラハラしているのに、（両方のダムの放水を）合流しないように抑えておこうというのはできないことですよ。ダムの崩壊を避けるため放水しますもん。下流は水の底ですよ。国交省は専門的に流水量がいくらだといっても、そんなものは当てにならんです。

――数字合わせとしか言えないものがありますもんね。新しいデータと新しい計算方法でやって、結果は前の値とぴったり同じなんかあり得ませんよね。

人吉、八代、川辺川ダムのできるあたりの水量を測ってでもですよ、広さとか川底とかそれぞれ違います。流水量が毎秒六〇〇〇トンで人吉では良いとしても、ここら辺は毎秒四〇〇〇トンではだめです（流すことはできない）から。私たちは実際何十年もの間、川を見てきている。今までの経験からの判断が正しいと思います。

――永江地区は遊水地だったんですか？

ある役人の方は「永江は遊水地になっているからな」と言ったんですよ。もってのほかです。永江には昔から何千人もの人が住んでいるんですよ。そこを遊水地にするなどけしからんですよ。しかし、県としては遊水地のつもりではないのでしょうかね。

――では水害対策は？

地球温暖化で毎年記録的大雨が降りますでしょう。過去の水量を言っても話にならんと思います。私は（中州の）砂利をとってもらうと同時に、堤防を一・五メートルかさ上げしてもらえばいいんじゃないかと思っています。この辺の人もそう言っています。

——堤防はどのくらいの長さですか？

右岸側の三〇〇メートルは上げてもらう。左岸側は堤防がないから作ってもらうことです。それこそ二億円か三億円ですみます。ダムでしたら本体で何千億円で、その上、生態系が変わってくるのは間違いないからですね。

——今、球磨川の方で聞いたんですけど、多良木あたりは河原で遊んでも水に入りたいとは思わんそうです。

汚れているでしょう。昔は川の中でアユを踏みよったんですよ。今、もぐりたいと思う水はないです。こっち（川辺川）もダムを作ればそうなりますよ。

——実際川で仕事をしよる人がもっと声をあげんといかんと思いますが。

八代海から魚が上る方法が取れれば莫大な利益になりますよね。観光立地を考えるならアユが自然遡上する川にしたら、ものすごい儲けを生む観光資源になります。川辺川のアユがいるから、かろうじて観光客が来るんですよ。

——今日はありがとうございました。

（平成一九年九月一五日、相良村の緒方さんの自宅にて。聞き手は中島康）

球磨川流域各地の水害状況と提言

多良木町・あさぎり町・錦町

市房ダム下流の球磨川が中央部を通り、その両岸に水田が広がる田園地帯です。

多良木町蓮花寺地区、瀬井地区は支流が球磨川に合流する所に水門が設置されていますが、大雨時その水門が閉じられ、内水がはけなくなることによって床下浸水や水田の冠水被害が発生しています。大王橋上流には堤防の未整備区間（地図中の黒丸部分）もあります。総合的に各種の治水対策を組み合わせれば浸水被害を防ぐことは可能です。

多良木町牛島地区では、昭和三〇年代～五〇年代にかけて整備された堤防（築堤）によって球磨川本川による洪水被害は発生しなくなりました。

あさぎり町川瀬地区では、球磨川本川による直接の水害被害は出ませんが、大雨時に支流の伊賀川の水が吐けないため内水被害が多発しています。伊賀川は昭和五〇年代の基盤整備事業のときに川の流れが変更されました。並行しながら緩やかに球磨川本川に向かっていた川の流れが、ほぼ直角に本川に流れ込むようになったということであり、当然水はけは悪くなりました。

錦町では、川辺川との合流部より上流部分の木綿葉《ゆうば》大橋左岸部分の農地が大雨時に冠水しています。ここでは球磨川の堤防に開口部があり、増水した球磨川の水を水田に導くような仕組みにしてあります。

この地域では、堤防の整備がほぼ行われているので球磨川本川による洪水被害は発生しませんが、

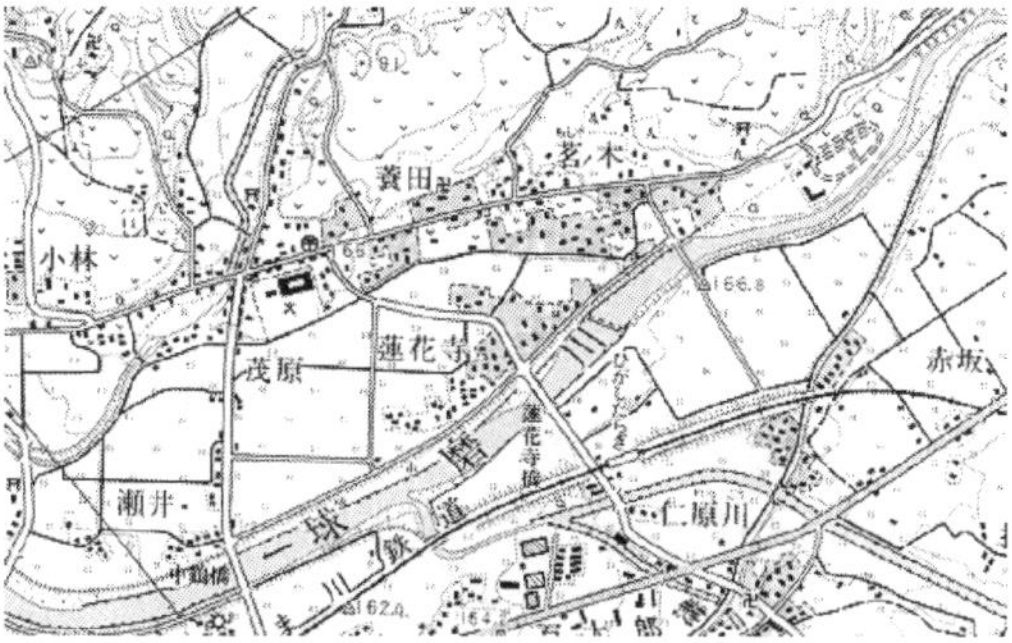

多良木町蓮花寺地区、瀬井地区

多良木町牛島地区

あさぎり町川瀬地区

錦町木綿葉大橋周辺

内水の排水ができずに浸水するところがあります。内水排水ポンプの設置とともに、河床に堆積した土砂の除去、河原の雑木の除去などを実施し、洪水時の流量がはけるような対策を継続して行うべきです。

【提言】

① 内水排水ポンプの設置、緊急対策としての宅地のかさげ（多良木町蓮花寺地区、瀬井地区）
② 堤防の未整備区間の整備（同上）
③ 河原の草木・土砂の撤去（同上）
④ 支流の内水被害対策として、宅地のかさ上げ、道路のかさ上げ、「輪中」方式での治水対策の検討（あさぎり町川瀬地区）
⑤ 排水ポンプの設置（同上）
⑥ 堆積した土砂の除去、雑木の除去（同上）
⑦ 石坂堰の改修（同上）
⑧ 冠水により被害を受けた農地の農業被害の補償（錦町）

相良村

村北部から川辺川が南下し、村南部で球磨川と合流しています。川辺川筋に水田が広がり、村東部の高原《たかんばる》台地に茶畑が広がる典型的な農村です。

川辺川も球磨川同様、たびたび水害を起こしています。特に酷かったのは昭和三八（一九六三）年、昭和四〇（一九六五）年の水害です。昭和三八年の水害では、一三三ヘクタールの田畑が流失・冠水の被害にあい、家屋も九戸ほど流されました。川辺川にかかった一五の橋のうち六つの橋が流れ、一部流失破損した橋も五つあります。昭和四〇年七月人吉市に大きな被害をもたらした水害は、相良村にも被害総額六億円という、三八年と同じほどの被害をもたらしています。

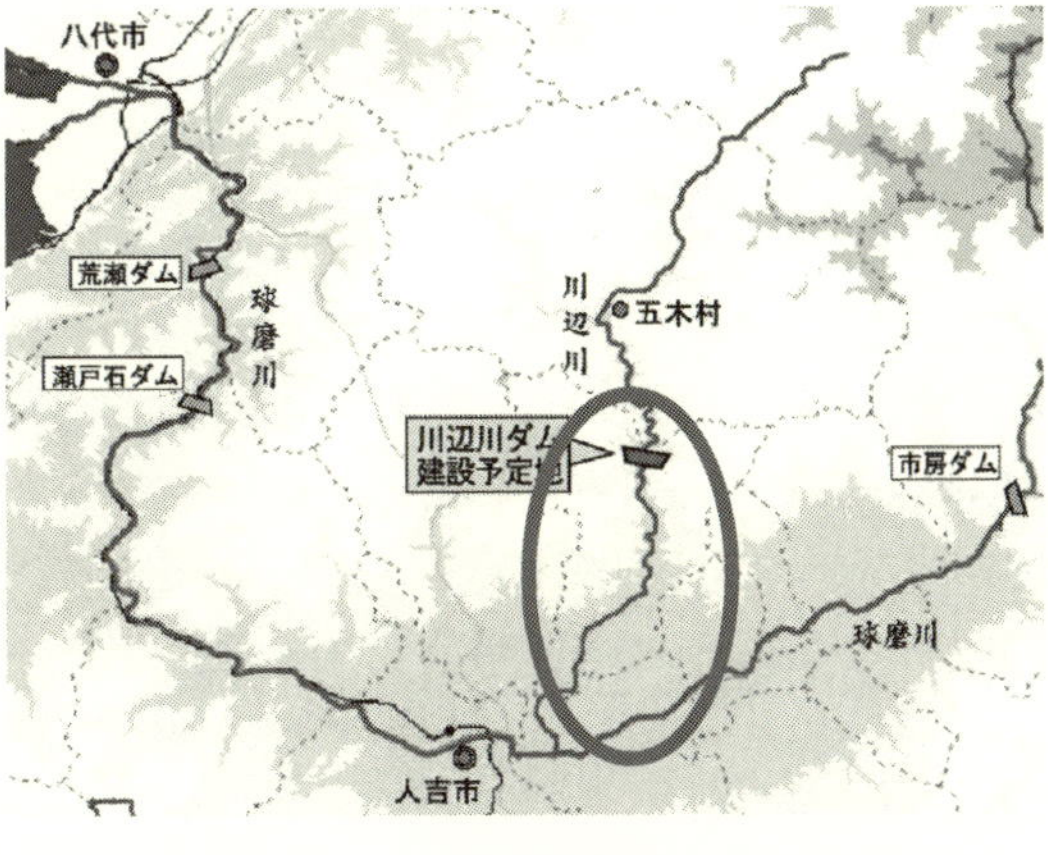

近年でも、平成一七（二〇〇五）年九月六日の台風一六号時には、川辺川周辺の地区で、住宅や田畑、保育園などが冠水しました。国道四四五号線も二箇所（永江地区・晴山地区）で冠水しています。川辺川の河道に大量の土砂が堆積しているために、堤防を越流した洪水が水田を直撃し、大きな被害を発生させています。これ以外にも深水新村地区など毎年床上浸水被害にあう地区もあります。

永江地区

深水新村地区

【提言】

① 水害被害にあっている全地区の住宅や道路のかさ上げ
② 川辺川の河床にたまった土砂の撤去
③ 堤防強化
④ 冠水により被害を受けた農地の農業被害の補償

人吉市

九州の小京都と言われる古い町並みを残した旧相良藩の城下町です。人吉市のすぐ上流で球磨川と川辺川が合流しています。昭和三八（一九六三）年、昭和三九（一九六四）年、昭和四〇（一九六五）年の三年連続の水害によって人吉市は大きな被害を蒙りました。

この時の水害は過去の水害の様子とは全く違い、急激な水位の上昇によって逃げる暇もなかった、市房ダムの放流がその原因だと証言する水害被害者が沢山います。

その後、河川改修が進み、川幅が拡張され、堤防の整備が進んだ人吉市では大きな水害被害は発生していません。事実、昭和五七（一九八二）年七月二五日に、過去最大の毎秒五四〇〇トンの水が溢れずに流れています。河床に溜まった土砂の撤去や堤防未整備の区間の整備を行えば、さらに安全に流すことができます。

【提言】

① 球磨川の川底に溜まった土砂の撤去
② 人吉橋左岸の堤防未整備部分の整備と川幅の拡張（地図黒丸の部分）
③ 内水排水ポンプの充実

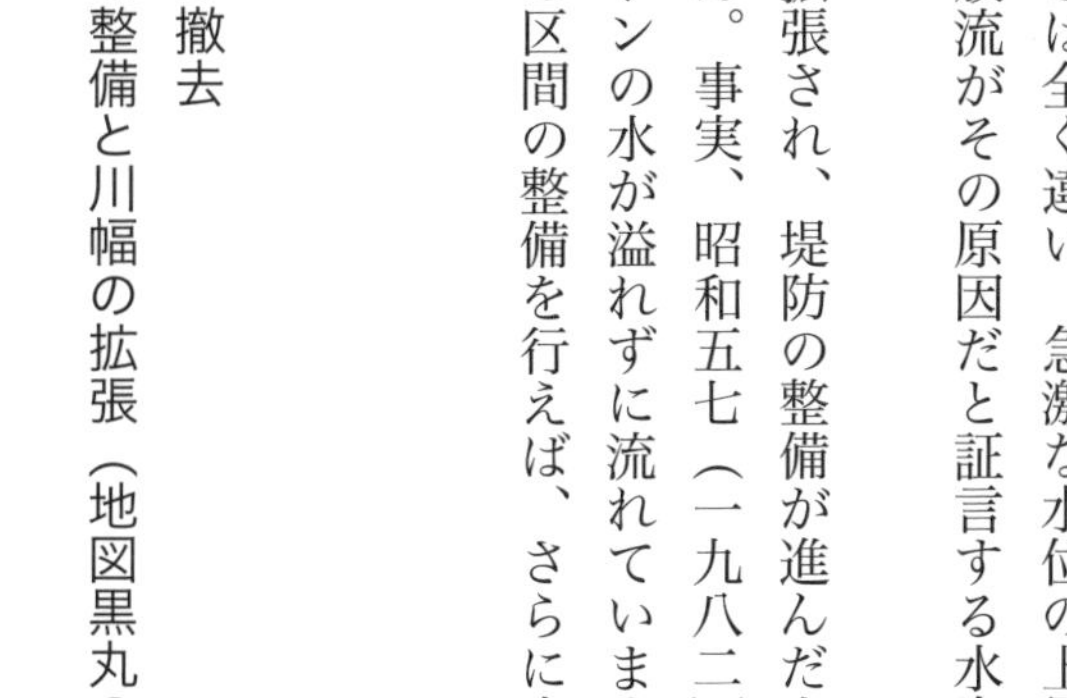

球磨村

人吉市の下流に位置し、球磨村に入ると球磨川は急峻な山地の間を縫うように流れ、川幅も狭くなっています。そういう地形的な特徴と昭和三〇年代以降のダム建設によって、水害常襲地帯となりました。河川改修の遅れている地区では、毎年のように床上・床下浸水被害が発生しています。球磨川の支流が球磨川の増水によって注ぎ込めずに、溢れてしまっている地区もあります。

渡地区は球磨村の中で上流部に位置し、球磨川下りの発船場があるところです。球磨川の増水によって支流が球磨川に注ぎ込めずに、溢れて床上浸水しています。昭和四〇（一九六五）年の水害時には船で助け出された人もいます。いつになるか分からない河川改修に頼らずに、自費で自宅をかさ上げしている人もいるくらいです。国交省は平成一九（二〇〇七）年、「護岸工事」を行い、狭い球磨川本川の川幅をさらに二〇メートル狭めました。

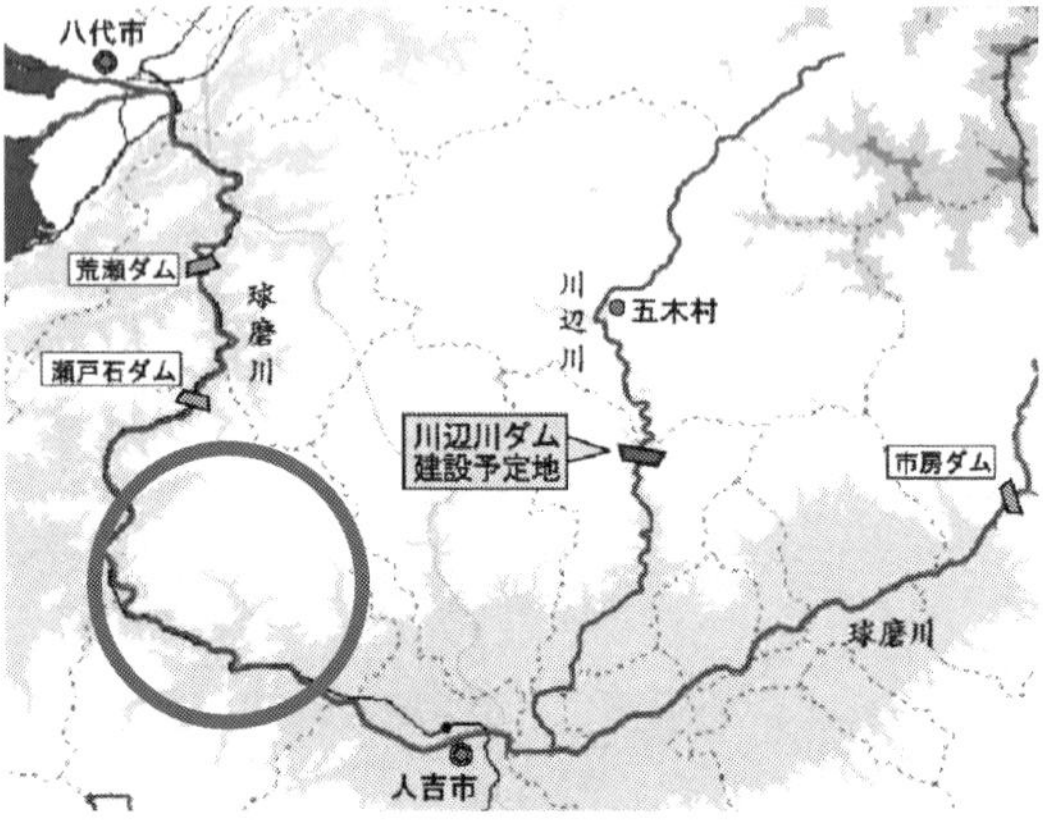

一勝地地区は球磨村の中でちょうど中間地点に当たるところです。以前は酷い水害被害が発生しましたが、河川改修も進んだ地区では、浸水被害が発生する恐れはなくなりました。

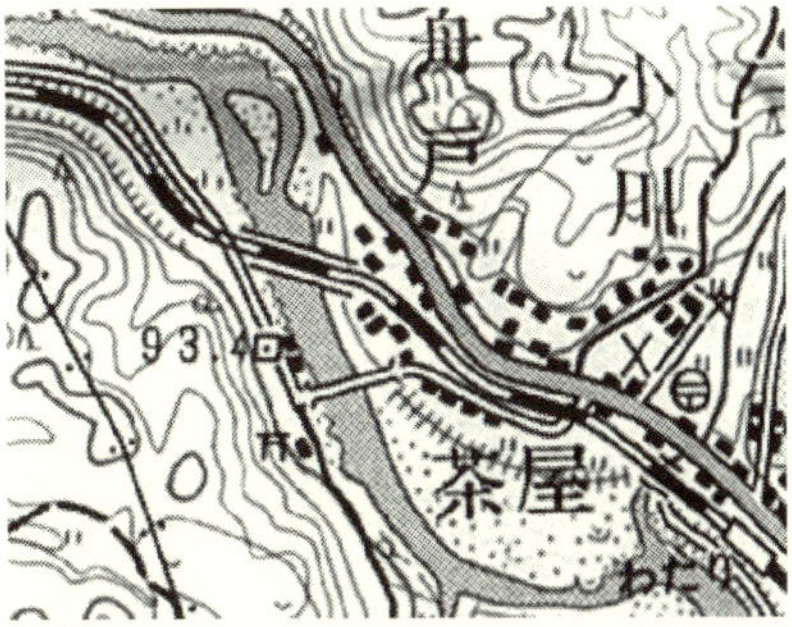

渡地区

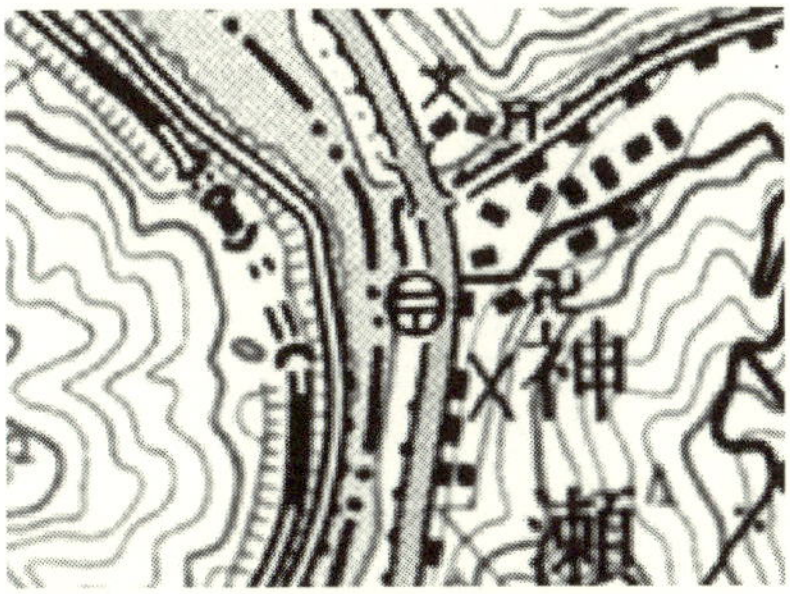

神瀬地区

神瀬地区は球磨村でも最下流に当たるところです。川内川という支流が球磨川に注いでいます。水防団の働きにより、辛うじて大きな被害は防がれていますが、それでも国道二一九号線沿いの住宅が床上・床下浸水したり、国道自体も浸水で通行止めになったりします。

【提言】

① 未改修地区の住宅や道路のかさ上げ
② 更なる堤防整備
③ 「護岸工事」で狭まった球磨川の川幅の拡幅（渡地区）
④ 内水排水ポンプの設置（渡地区）
⑤ 川内川と球磨川の合流部の水門の設置（神瀬地区）
⑥ 内水排水ポンプの充実（神瀬地区）
⑦ 市房ダムの放流情報を水害に遭っている地区に迅速に伝えること

芦北町

球磨村より下流の球磨川の左岸に位置しています。芦北町と球磨村の境界を、狭くなった球磨川が蛇行しています。また下流の八代市坂本町との境近くに瀬戸石ダムが建設されていますので、下流は川というよりダム湖が延々と続きます。

　ここも水害常襲地帯です。特に未改修地区の鎌瀬地区、漆口《うすぐち》地区、箙瀬《えびらせ》地区、吉尾地区は毎年のように浸水水害にあっています。瀬戸石ダム湖によって水位が上昇し、被害が拡大しています。通常の水害対策や河川改修と共に瀬戸石ダム撤去も実現されなければなりません。

【提言】

① 未改修地区の住宅や道路のかさ上げ

② 市房ダムや瀬戸石ダムが撤去されるまでの間、降雨時前のダム放流

（下流のダム湖の水位を事前に低くすることによって、水害時の水位が上がらないようにする。上流のダム湖の水位を事前に低くすることによって、満杯になってダム放流しないで済むようにする）

③　瀬戸石ダム湖に溜まった土砂の撤去
④　瀬戸石ダムの撤去
⑤　市房ダムの放流情報を水害に遭っている地区に迅速に伝える

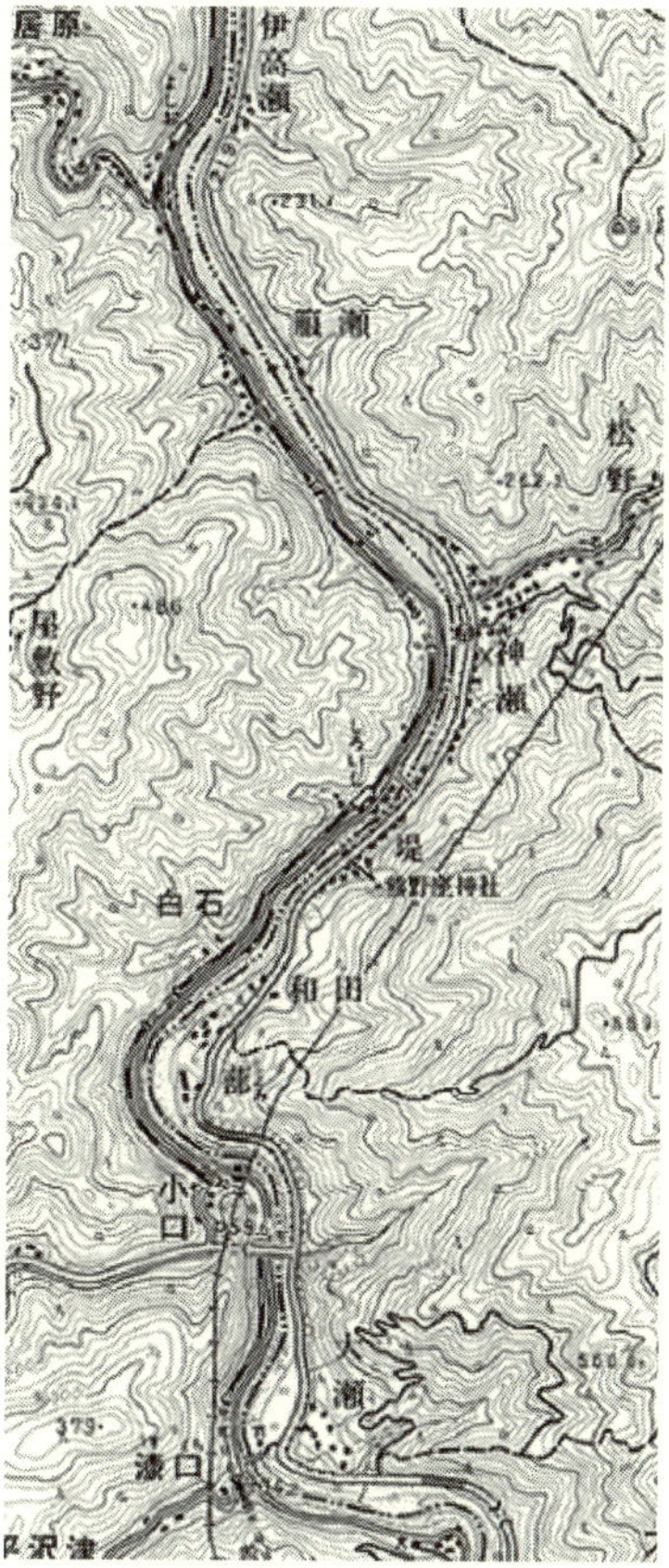

芦北町内の球磨川

八代市坂本町

平成一七（二〇〇五）年の町村合併により八代郡坂本村から八代市坂本町となりました。坂本町内に入った球磨川は中津道地区、鎌瀬地区で蛇行しています。町中央部には平成二二（二〇一〇）年から撤去予定の荒瀬ダムがあります。そしてまた下流の西部地区まで蛇行が続きます。

瀬戸石ダムと荒瀬ダムという二つのダムに挟まれた、いわば「ダム銀座」といっても過言ではない坂本町も水害常襲地帯です。昭和四〇（一九六五）年の水害では当時の国鉄瀬戸石駅が流されました。この時、中津道地区、鎌瀬地区でも甚大な被害が発生しています。荒瀬ダム下流の地区も床上浸水など相当な被害が出ています。

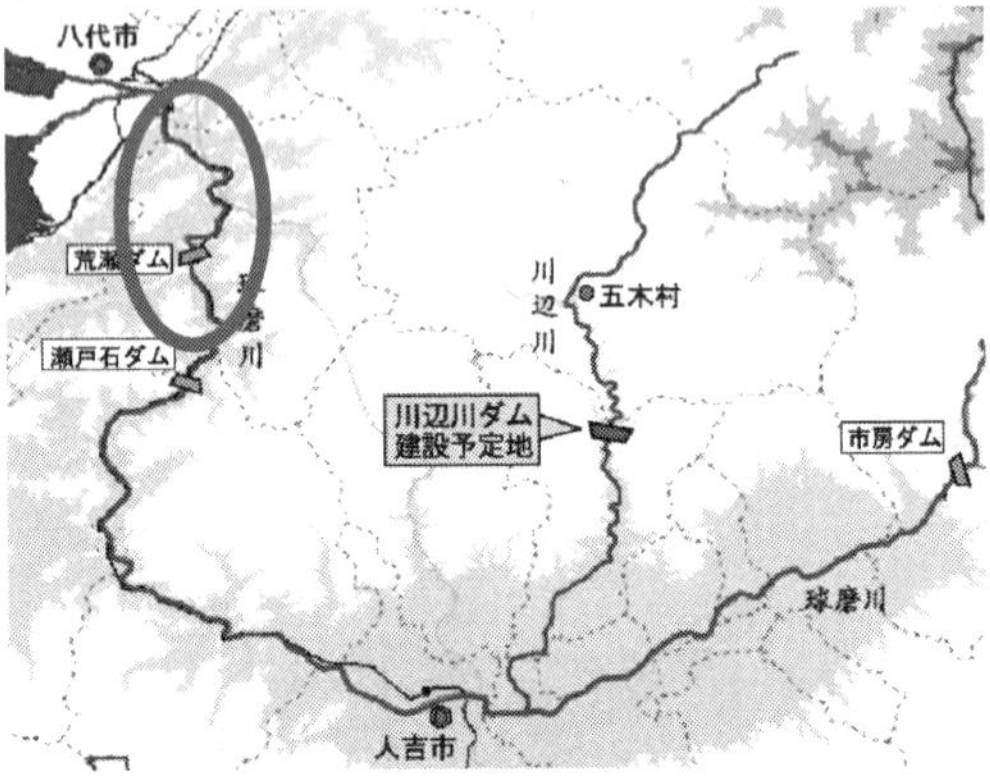

村民一丸となった運動（平成一四年当時）が結実し、荒瀬ダムは平成二二（二〇一〇）年から撤去されることが決定しています。宅防工事（住宅のかさ上げ）が進んで水害被害に遭わなくなりつつある地区もありますが、荒瀬ダム下流の大門地区や小崎辻地区など今もなお、水害被害に苦しむ地区もあります。

また、川が蛇行している関係上、川の一方の側の工事の影響が対岸に及ぶということも見逃せません。

【提言】

① 水害被害にあっている全地区の住宅や道路のかさ上げ

② 市房ダム、瀬戸石ダム、荒瀬ダムが撤去されるまでの間、降雨時前のダム放流

③ 瀬戸石ダム湖、荒瀬ダム湖に溜まった土砂の撤去

④ 瀬戸石ダムの撤去

⑤ 市房ダム、瀬戸石ダム、荒瀬ダムの放流情報を水害に遭っている地区に迅速に伝えること

⑥ 河川改修など川に関する工事は事前に住民と打ち合わせて、影響などを洗い出し、問題がないように進めること

坂本町内の球磨川

八代市

　球磨川が不知火海に注ぎ込む街、そこが八代市です。球磨川は八代市に入って大きく左に蛇行しています。その半円の外側がいわゆる萩原堤防です。萩原堤防が現在の形に整備されたのは今から二五〇年位前の宝暦年間のことです。これ以降、萩原堤防は八代市の治水対策の要となり、以来八代市で球磨川の水が溢れることは無くなりました。

　昭和四〇（一九六五）年の水害時、萩原堤防の対岸の渡町《わたしまち》の住宅が床上浸水しましたが、そこは堤防の内側の河川敷であり、球磨川が堤防を越えて溢れたわけではありません。以前から渡町には人々が住んでいましたが、ダム建設など上流の乱開発によって昭和三〇年代から水害常襲地帯となりました。昭和四〇年代に町ぐるみの移転が行われ、川幅が拡げられて現在は球磨川河川敷スポーツ公園や畑となっています。

　八代市で近年も溢れる可能性があるのは水無川です。この川は熊本県が管理しています。土砂の堆積が原因による越水を近隣住民は心配しています。

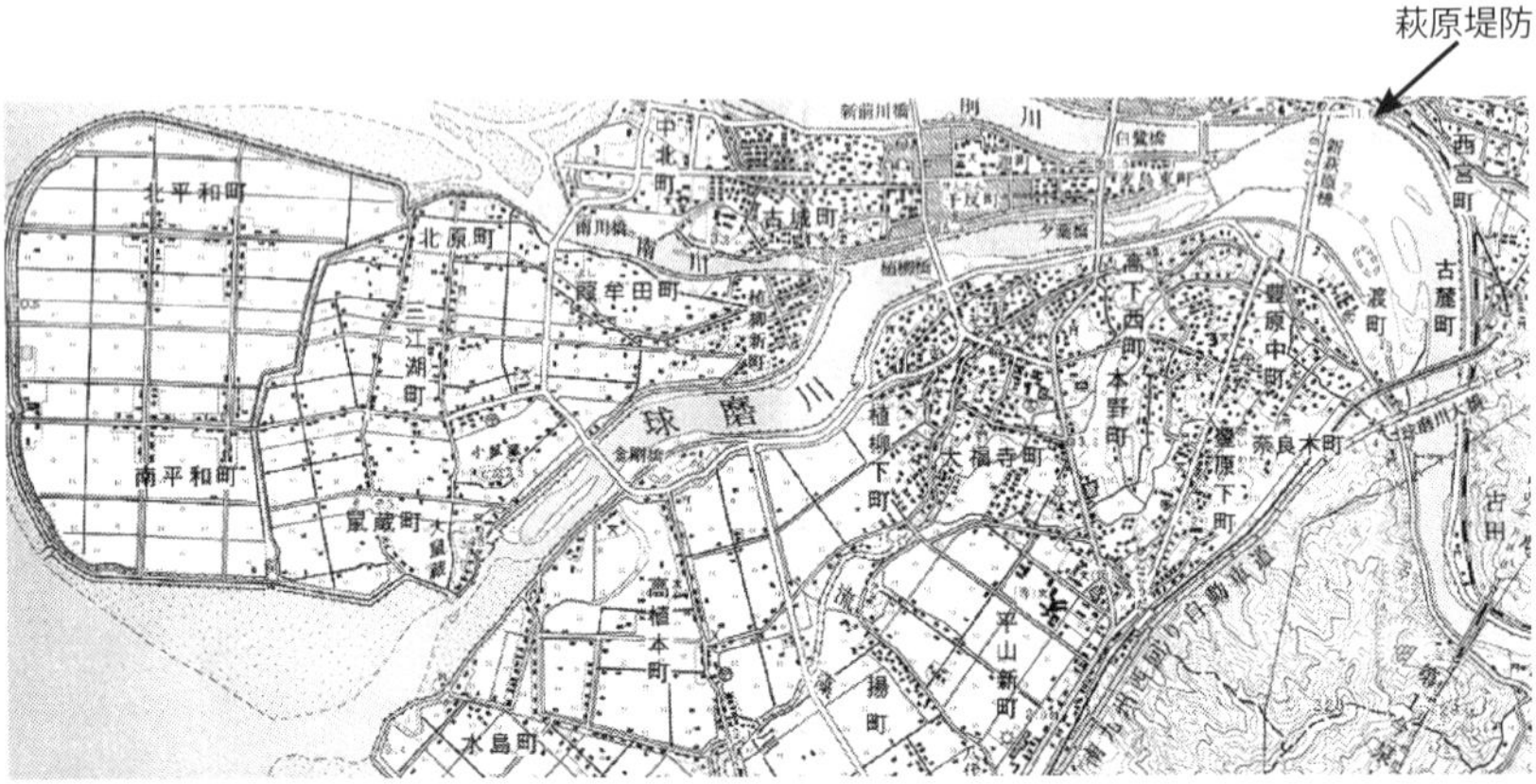

【提言】

① 萩原堤防のさらなる強化（フロンティア堤防工事の実施）

② 水無川の浚渫

本章に掲載した国土地理院発行の地形図は次の通りである。
・二万五千分の一地形図（多良木）：一四五頁
・五万分の一地形図（人吉）：一四五、一四六、一四八、一四九頁
・五万分の一地形図（佐敷）：一五一、一五三頁
・五万分の一地形図（日奈久）：六八、一五五、一五六頁

聞き取り調査から言えること

今回、この聞き取り調査による住民の声を読むうち、体験者の一人一人の発言内容の的確さに頭の下がる思いを抱きました。そして私はあることが気になりだしたのです。それは昭和二〇年代から昭和三〇年代当時の建設省がダムの治水効果について本当に自信を持っていたのだろうか、ダム治水について、理論的にも現象についても、本当に自信を持って建設計画を進めていたのだろうかということです。

太平洋戦争が終わってからの一〇年間、日本は毎年風水害に見舞われ、多い時は三〇〇〇人台、少ない時でも一〇〇〇人台の犠牲者が出続け、国は毎年の復旧工事に手一杯の状態でした。そういう中、昭和二八（一九五三）年、西日本大水害が起こり、この対策を含め抜本的対策が叫ばれて、昭和三二（一九五七）年に多目的ダム法が成立し、全国の河川のうち、一二三四の河川について河川整備計画が策定されるのです。この時初めて、ダムによる治水が治水対策の主役に躍り出てくるのです。しかも技術関係もまた理論もアメリカから導入され、日本はダムによる治水理論も現場工事技術もまだ発展段階だったはずです。

球磨川の治水や災害を語るとき、必ず皆さんが異口同音に言われるのは、昭和四〇（一九六五）年の水害です。この時、球磨川には市房ダム（完成昭和三四年）、瀬戸石ダム（同昭和三三年）、荒瀬ダム（同昭和三〇年）の三つのダムができたばかりでした。この頃、ダムの治水効果について建設省は本当に自分達にも、まして流域住民にも納得のいく説明ができただろうか、単にどこかの文献の受け売りではなかったのではなかろうかと思うのです。

今回の流域住民の声を読んでいると、それが感じられます。球磨川流域の災害については、昭和四〇年の水害が大きな位置を占めているようです。この年の水害を契機に全てが変わっています。この昭和四〇年の七・三水害を境に、今まで流域住民が経験したこともないことが出現したようです。では昭和四〇年を境にどのように変わったのか見てみると、次のような項目に分けられると思います。

1　新たな水害地帯の出現と新たな洪水
2　行政の不適切な対応と住民の不安
3　流域住民が肌で知った環境の変化
4　住民が経験から知った治水と自己防衛策

住民の声の中からこれらを読み取ることができます。以下順に見てみます。

1　新たな水害地帯の出現と新たな洪水

球磨川流域においては、床下まで水が来るような大水の時、住民は「にごりすくい」などの魚とりを楽しんでもいたし、水の深さの変化を見ながら対処していたものでした。しかし、昭和四〇年の水害を境にこの住民感覚は急速に変化していったようです。特に人吉市より下流である球磨川中流域においては何代にもわたって大した被害も受けずに住んでいたにもかかわらず、村や集落が大きな被害を受けるようになり、集落全体が移転せざるを得なくなりました。住民は口々に市房ダムと荒瀬・瀬戸石両ダムができてからの現象だと言います。

特に、人吉市及びその近くの住民は市房ダムの放水が原因であると主張し、納得できる説明がされています。「一〇分も経たんうちに畳が浮くようなことは、自然の雨がどんなに降ってもなかった」のように、それまでの経験から明瞭に語られています。また、中流域の国土交通省が言う狭窄部では明らかに上記の三つのダムができてから浸水が激増しています。ダムができて新たな水害常習地帯ができたのです。

2　行政の不適切な対応と住民の不安

今回の聞き取り調査の中で最も多かった声です。特に、市房ダム、荒瀬・瀬戸石両ダムができる時、ほとんど説明らしい説明もされておらず、リスク・危険性については全く語られていません。また河川改修計画も住民との対話がないため、住民の望んでいるものが何かつかめないまま計画が進み、不満が残る結果しか生んでいません。住民の人達から多く聞かされるのは、行政の説明（特に災害復旧と補償）の一貫性のなさが補償の不公平を招き、ひいては村社会の分裂まで引き起こしているということです。住民が前もって危険を指摘していたのに、災害が起これば自然現象への責任転嫁に終始している行政の態度は今日まで変わっていないようです。

このような行政の無責任な態度は、市房ダム下流の球磨川本川上流部においてもあります。河川改修計画で工事を進めていながら、市房ダム完成後、改修工事は中止され、球磨川が増水すれば、堤防工事の切れ目から今でも水があふれて浸水している。このことからも伺えることです。また、八代市においては萩原堤防についても国交省の説明にはあやふやな点が多く、最も危険と言いながら調査もしようとはしていないし、また、その周辺の出水の説明にも自分に都合良いように改ざんし、住民の反感を買うどころか嘲笑されている始末なのです。このように住民は国交省の河川改修には強い疑問を持っています。

例えば、人吉市下薩摩瀬地区の人々は、川幅拡張も、その下流の狭窄部がそのままのため、かえって河床が上がり、そこに市房ダムの放流があり、大災害が起こったと固く信じています。このように昭和四〇年の水害を経験していながら、行政は川の変化もさることながら、川の現状を知っているのか、住民は極めて心配しているのです。また知らずして作られる計画を住民は恐れています。

現在、災害時に流域住民の生命と財産を守っているのは国交省ではなく現地の水防団です。しかし災害時、この水防団の最前線の詰め所には雨量の推移、ダム放流の詳細、上流の状況などの情報は行政を通じてはほとんど届いていないのです。このような状況の中で、「くまがわ・明日の川づくり報告会」が行われましたが、国交省の説明は相も変わらぬ手前勝手なものとなりました。治水の具体策ではない基本方針の説明であるとのことでしたが、住民の受けた感じとして、ダムを前提としていた説明でしかなかったのです。真の意味で行政は住民と向かい合い、本音で話し合うよう努力するべきです。

3　流域住民が肌で知った環境の変化

かつて球磨川・川辺川では鮎がのぼって来ると鮎の匂いがし、橋の上から見ると川が真っ黒に見えたと言われる位、自然豊かな川でした。しかし現在、住民は明らかに国の施策が川の状況を悪化させていると感じています。球磨川本川上流部では、河川改修によって、ある程度水害は減ったが、昭和四〇年以後、川が変わった。川辺川にダムを作れば、本川以上に川が変わるだろうと言っています。本川はまず川の水量が半分以下に減り、水が汚れ河床も汚れてしまったと言います。流域住民は鮎等の自然遡上する川を願い、懐かしんでいるだけでなく観光資源としても期待しているのです。例えば自然遡上の稚鮎の放流数が、かつての三〇〇万匹から一七〇万匹に、さらに四〇万匹にまで減っていることを心から心配しています。また、川の中の大型構造物の魚道が全く魚の特性も知らずに作ってあり、完成後、事後調査も行われていないことに多大な心配をし、不安を抱いているのです。

４　住民が経験から知った治水と自己防衛策

現在、完全ではないとは言え、一応の河川改修は行われ、球磨川・川辺川では大規模な洪水は起こっていません。現に昭和四〇年の洪水より大きな洪水も越水することなく流すことはできます。現在水害対策は外水対策から内水対策（外水は本流、内水は本流に流れ込む支流）になっています。本流の水位が上昇し流れ込んでいる支流の水位より高くなれば、水は支流に逆流し支流沿いはあふれます。そのための対策として、なるべく本流の水位を下げること、支流の本流への流入部に水門を作って本流の水が支流に逆流しないようにすること、内水を本流に排水するポンプを設置することが望まれています。

球磨川上流も含め、全川、水門とポンプの設置は完全ではなく、至急解決すべきことです。また、本流の水位を下げる一つの方策として、各所にあり毎年大きくなっている中州を取ること、河床に溜まった砂利を撤去することが求められているのと同時に、山の保水力を高める努力を急ぐことも望まれています。しかし、現状毎年水害に悩まされている人々のためには早急なかさ上げ工事を急ぐ必要があります。現在、昔の遊水地が河川改修で無くなるにつれ、水害発生の恐れは下流で高まっています。総合的な河川改修が望まれると同時に、住民自身が身を守るための情報システムも整備されるべきです。

以上、流域住民の声をまとめてみましたが、何と言っても人々の最大の声は、荒瀬・瀬戸石両ダムの早急な撤去でした。双方のダムが作用して新たな洪水地帯を作っています。これに加え市房ダム撤去の声も聞かれます。住んでいるのが川に近ければ近い人ほど、この要求は強いものです。人吉市下薩摩瀬地区に住む人は「ダムが無かなら堤防もいらん」とまで言っています。治水の切り札だったはずのダムが水害の原因と住民には受け取られているのです。また、ある八代市民の言葉、「川は水が流れてこそ川」にあるように、現在の川の水の減少を嘆くとともに、その原因を、山の保水力の減少と山間地の変化に求め、また水環境の悪化の原因をダムに求める声は多いのです。

川辺川ダム問題を通し、漁業権が大きなポイントとなりましたが、そこに住む住民の権利は川には活かされないのかという疑問も提示されています。この水害被害者の声をまとめる作業を通して、私は流域住民の河川に対する知識の凄さに驚きました。そしてその知識はただ単に川についての物知りとしてのそれではなく、立派な専門家のそれでした。机上の理論を振り回す専門家など足元にも及ばないものだと感心し、この知識を利用しない手はないと痛感しているところです。この経験を通して蓄積された知識から発せられる声の一つ一つに真摯に向き合い、共に検討していけば、素晴らしい未来があるのではないでしょうか。

平成二〇年四月

球磨川流域・住民聞き取り調査報告集編集委員会　中島康

追伸　本書を出版するに当たり、聞き取り調査に協力してくださった方々、川を案内してくださった方々、稀少な文献を紹介してくださった方々など全ての皆様に心から感謝いたします。

資料　第二九回国会　衆議院建設委員会の議事録

昭和三三（一九五八）年九月一日

橋本正之委員　第九には、球磨川改修工事について申し上げます。本川は、下流区域が昭和十二年度より、上流区域が昭和二十二年度より直轄区域に編入され、改修工事が行われてきたのであります。その進捗率は、昭和三十二年度末におきまして、上流区域において一七・六％、下流区域において二五・四％にとどまり、上下流全体として、今なお七八％が未改修のままに放置せられているのであります。また昭和三十三年度以降における本川に対する修正全体計画によりますと、上流区域十五億四千万円、下流区域十一億一千二百万円、計二十六億五千二百万円の事業費を要するものと積算されるのでありますが、昭和三十三年度を初年度とする球磨川改修五カ年計画におきましても、その総事業量は、上流区域一億三千万円、下流区域二億五千万円、計三億八千万円が施工されるにとどまり、これを予定通りに完遂したといたしましても、なお修正全体計画の一一・二％の進捗率を示すにすぎない状況であります。従いまして、この程度の予算措置をもっていたしましては、途中における災害、あるいは手戻り等を考慮いたしますとき、四十年ないし五十年の長年月を要するものと憂慮されているのでありますが、特に下流区域におきましては、八代港の修築問題との関連もあり、その促進が強く要望されているのであります。

一方、上流区域におきましては、現在、錦、深田、多良木地区等に着工、その改修が進められているのでありますが、何分にも直轄改修区域への編入がおくれましただけに、その改修率は、下流区域のそれに比べ、さらに低い状況でありまして、ことに須恵村中島地区につきましては、連年の被害にもかかわらず、今なお改修計画未決定のままに、今回の球磨川改修五カ年計画におきましても保留の状態に置かれているのであります。もっとも、当地区に対する当初の改修原案といたしましては、一応捷水路による計画が立てられた模様でありますが、その後かなりの河状変化も見られ、現在原案通り捷水路の方式をとるか、あるいは河状整理の方式によるか、当局においても鋭意検討中のことと思われるのでありますが、最終案決定の時期的な見通しについて伺いたいと思うのであります。当地区におきましては、連年被災の経験より、大雨注意報のたびごとに全部落民が他地区へ退避するという悲惨な状態に置かれているのでありまして、早急なる最終案の決定が必要と考えられるのであります。

また球磨川上下流全川住民といたしましては、改修が遅々として進捗せざる現状にかんがみ、緊急事態発生の際の被害を最小限度にとどめるべく、現在設置されている市房ダム工事事務所のほかに、人吉、八代両市にも洪水予報専用の無線電話を設置されたい旨要望いたしているのでありますが、これに対してもあわせて御答弁願いたいのであります。

＜球磨川流域・住民聞き取り調査報告集編集委員会＞
■子守唄の里・五木を育む清流川辺川を守る県民の会
連絡先：〒860-0073　熊本市島崎4-5-13
中島 康 宛
電話　096-324-5762

ダムは水害をひきおこす――球磨川・川辺川の水害被害者は語る

2008年4月29日　初版第1刷発行

編者 ――球磨川流域・住民聞き取り調査報告集編集委員会
発行者 ―平田　勝
発行 ――花伝社
発売 ――共栄書房
〒101-0065　東京都千代田区西神田2-7-6 川合ビル
電話　03-3263-3813
FAX　03-3239-8272
E-mail　kadensha@muf.biglobe.ne.jp
URL　http://kadensha.net
振替 ――00140-6-59661
装幀 ――佐々木正見
印刷・製本 ―中央精版印刷株式会社

ISBN978-4-7634-0519-7 C0036

川辺川ダムはいらん！

――住民が考えた球磨川流域の総合治水対策――

川辺川ダム問題ブックレット編集委員会　編
定価（本体 800 円＋税）

●この清流を残したい

川辺川ダムはいまどうなっているのか？　住民の視点でまとめられた、ダムに頼らない治水対策。

川辺川ダムはいらん！ PART ②

――ダムがもたらす環境破壊――

川辺川ダム問題ブックレット編集委員会　編
定価（本体 800 円＋税）

●かけがえのない川辺川の豊かな自然

ダムができると流域の環境はどうなるのか？　ダムがもたらす環境破壊をわかりやすく解説。